蒙古民族文物图典

蒙古民族鞍马文化

蒙古民族服饰文化

蒙古民族毡庐文化

蒙古民族饮食文化

蒙古民族游乐文化

蒙古民族宗教文化

《蒙古民族文物图典》

策　　划：刘兆和

主　　编：刘兆和

副 主 编：王大方

邵清隆

蒙古民族服饰文化

苏婷玲　陈　红　编著

文物出版社

主编助理：张　彤
绘图指导：贾一凡

摄影：
孔　群　鄂　博　庞　雷　德力格尔　刘洪元　王景远　苏勒雅图　格日勒·敖云
苏婷玲　吴运生

绘图：
纪　烁　陈丽琴　陈拴平　陈广志　陈晓琴　武　鱼　阎　萍　王利利
徐亭明　刘利军　钟利国　包灵利　田金芳　杨　慧　高　娜　张利芳
袁丽敏　任波文　苏雪峰　张世喻　田海军　郝水菊　范福东　郭　宝
郭金威　王喜青　娜日丽嘎　王明月　史瑾莎　李　瑞　郝振男

责任印制　王少华
责任编辑　李　飚

图书在版编目（CIP）数据

蒙古民族服饰文化／苏婷玲　陈　红　编著．—北京：文物出版社，2008.1
(蒙古民族文物图典)
ISBN 978-7-5010-2214-4

Ⅰ.蒙…　Ⅱ.苏…　陈…　Ⅲ.蒙古族－服饰－文化－中国－清代～民国－图集
Ⅳ.TS941.742.812-64
中国版本图书馆CIP数据核字（2007）第073101号

蒙古民族服饰文化
苏婷玲　陈　红　编著
文物出版社出版发行
（北京市东直门内北小街2号楼）
http://www.wenwu.com
E-mail:web@wenwu.com
北京文博利奥印刷有限公司制版
文物出版社印刷厂印刷
新华书店经销
889×1194　1/16　印张：23
2008年1月第1版　2008年1月第1次印刷
ISBN 978-7-5010-2214-4　定价：260.00元

序言

中国北方草原，雄浑辽阔。曾经在这里和目前仍在这里生活的草原游牧民族，剽悍、勇敢、智慧，对中华文化的发展，乃至对中华民族的形成和发展，作出了极其重要的贡献。在中国域内恐怕难以找到一块没有受到北方草原游牧民族影响过的地方。不仅如此，北方草原游牧民族，对世界历史发展的影响，也令人瞩目。这其中，影响最大的当属至今仍生息在这块草原上的蒙古民族。

蒙古民族从成吉思汗统一北方草原诸部落起，至今已有800多年历史，在继承古代草原游牧文化的基础上，以广阔的胸怀大量吸收欧亚诸民族文化，把草原游牧文化推向历史的辉煌顶峰，创造了适应于草原自然环境，深刻反映在政治、军事、生产、生活、娱乐等各领域中的独具特色的文化形态，即我们所珍视的草原游牧文化。草原游牧文化，是中华民族文化百花园中的奇葩，也是世界文化宝库中难得的珍宝。

毋庸讳言，随着现代工业及交通、通信和计算机网络等现代经济和科学技术的发展，草原游牧生产方式正在迅速消失，其传统的文化形态也正在被新的文化形态所代替，这是不可逆转的趋势。因此，草原游牧文化正在成为或部分已经成为文化遗产了。正因为如此，它的价值也更加凸显出来。

世界上每一个国家的民族文化，都是在其特定的自然环境和长期的生产生活中形成和发展起来的。每一个民族的文化，都是其民族的灵魂和血脉，是维系其民族存在的精神纽带，是其区别于其他民族并自立于世界民族之林

内蒙古自治区党委常委、宣传部长

的标志。所以，现在世界各个国家都在努力保护本国的民族文化。在我国北方草原游牧文化正在发生嬗变之时，这套《蒙古民族文物图典》的出版，无疑有着极高的价值。世界上蒙古族人口有900余万，600余万在中国。其中在内蒙古生活的蒙古族有400余万人。而到目前，对蒙古族的鞍马、服饰、毡庐、饮食、游乐、宗教等民族文物，比较系统地用测绘描图等科学方法研究记录并出版，在世界上尚属首次。这是对蒙古族文物的一项成功的抢救保护措施。这套图典中收录的民族文物，在蒙古族各部落的文物中具有典型性、标志性。它继承了我们优秀的民族文化，承载着愈来愈加珍贵的众多信息，在未来我们生产、生活和文化艺术活动中对蒙古族优秀传统文化的传承，可能会起着像“字典”、“辞典”一样的作用。

这套图典对蒙古民族文化的研究和保护，采用了一种新的视角和方法，对今后的研究工作可能会有引导和借鉴作用。所以，当策划开展此项研究时，我就是一位热心的支持者。认为这项研究及图典的编纂出版，对我国巩固民族团结和祖国统一，对我们未来的文化发展，都有着积极意义。《蒙古民族文物图典》的出版，充分体现了我们党和政府对保护民族文化遗产的高度重视，也反映了内蒙古自治区文物工作者对研究和保护民族文化遗产的奋斗精神。在图典出版之际，我谨向从事这项研究的同志们所取得的成果表示祝贺，也祝愿图典为祖国文化遗产的保护和传承发挥应有的作用。

目录

苏尼特部在成吉思汗统一蒙古之前就和浩里布里亚特一起游牧于贝加尔湖东南一带。

乌珠穆沁系蒙古语。13世纪初，生活在新疆北部阿尔泰山脉的乌珠穆沁查干莎拉等地的维拉特人，每逢金秋时节总要采集野生葡萄酿酒，庆贺丰收，生活在这里的部落被命名为乌珠穆沁人。

“鄂尔多”最初是指成吉思汗统一蒙古后所住的大帐。当时负责守护大汗“鄂尔多”的人很多，来自不同的部落，驻牧于肯特山到杭爱山一带，人称“鄂尔多斯”，即“守护宫殿者”。

阿拉善和硕特部系元太祖成吉思汗胞弟哈萨尔后裔，是额鲁特一支。额鲁特原住蒙古高原北面贝加尔湖地区。

信仰伊斯兰教的蒙古族聚居在阿拉善左旗沙金套海一带，约有2000多人。他们的服饰同当地蒙古族无甚差异，比较有特点的是妇女头饰介乎于回族和当地蒙古族妇女之间。

概述

衣食住行是人类生存发展最基本的四大要素，是人类社会早期诸多文化因素中最基本的物质生产形式，因此在构建人类原生文化形态中占据了重要的位置。有了以衣食住行为基础的原生文化，才逐步形成了人类与自然的密切共存联系，形成了人类认识世界的一种原生手段，其精神世界也得到了开拓与发展。从这个特定意义上看，以人类最初的衣食住行为基本内涵的物质文化是人类文明史的摇篮。

蒙古民族服饰文化的传承和发展有着悠久的历史。早在人类发祥的初期，在蒙古高原这片沃土上，就已经有了人类活动的痕迹，同时也有了早期高原人类文化的萌芽。当然，由于时间久远，缺乏考古材料和文字记载，对早期高原人类服饰文化，我们目前尚无缘得知。

古代游牧民族出现后，经东胡、匈奴、鲜卑、突厥、契丹等民族不断创新发展，蒙古高原出现了适应游牧生活的骑马民族服装款式，并对后世产生了重要的影响。

13世纪，成吉思汗统一蒙古草原，建立大蒙古国，帐下诸部的服装款式风格及其颜色逐渐统一。元代，蒙古人统一了大江南北，蒙古族服饰一时成为社会时尚。经过借鉴和吸收，蒙古族服饰在种类、款式、面料、色彩、缝制工艺以及服饰制度等方面出现了前所未有的变化，涌现出了一批适应宫廷生活华贵典雅、款式新颖的贵族服饰。至北元及明清，因为历史、政治和地域的原因，蒙古族分成若干部落和盟旗，服饰文化日益丰富多彩，同时也有了较大的差异，继而成为区别各个部落、盟旗的重要标志之一。

回顾历史我们发现，当今蒙古族的服饰文化并非是单纯的，而是蒙古族在历史长河中，逐渐融合了曾经在蒙古高原生活过的多个游牧民族和中原汉族服饰文化的特征，并保留了自身独特民族风格之后形成的一种草原服饰文化。而这一大融合的特点，体现在蒙古族近千年来发展壮大及其与各民族长期交流的过程中。

一、蒙古汗国服饰文化的艺术特征

“蒙兀室韦”是《旧唐书》中有关蒙古族名称的最早记录。公元11世纪，塔塔尔、蒙古、蔑儿乞、翁吉剌、克烈、汪古等部落结成了以塔塔尔为首的部落联盟，以反对辽代契丹族的统治。

迦陵频迦金帽顶

元
金
高 4.1 厘米　直径 4.5 厘米
内蒙古自治区乌兰察布市出土

那个时期，“塔塔尔·鞑靼”曾一度成为蒙古草原上各部落的通称。

12 世纪，女真族兴起后取代了契丹族辽政权，建立了又一个少数民族政权——金国。这时蒙古各部统归金国北部招讨史管理，部分蒙古贵族担当了金朝详稳、令稳之类的地方官职。曾经强大的“塔塔尔联盟”已经瓦解，蒙古各部在合不勒汗（成吉思汗的曾祖父）带领下逐渐强盛起来。蒙古族的社会经济在这个时期早已从原始狩猎生产进入了畜牧生产时代，社会结构也已进入奴隶制时代。与此同时，规模较大的手工业经济的出现促进了蒙古族内部社会进一步发展。

在与金女真族长期的斗争中，蒙古各部在联合、兼并中不断发展、壮大。1189 年，铁木真被蒙古贵族推举为首领。在进行了长达十几年的征战，统一了蒙古各部后，1206 年，蒙古各部首领在斡难河畔召开忽里勒台（即大聚会），推举铁木真为全蒙古大汗，称“成吉思汗”。各部族统称为“蒙古”，建立了强大的蒙古汗国。铁木真时代，蒙古族社会又一次发生了深刻的变革，从奴隶制社会过渡到了封建社会初期，经济上生机勃勃，形成了以庞大的畜牧业为后盾的较大规模的锻冶业、木作业、毛纺业和皮革业。蒙古汗国成立后，成吉思汗及其子孙们进行了空前规模的征服世界的战争，其足迹踏遍欧亚大陆。对这场空前的征服战争，波斯人拉施特在其所著《史集》第一卷序言中说过这样一段话：“他们征服了世界上人烟稠密地区的国家，其中包括华北、华南，印度、幸都、河中、突厥斯坦、叙利亚、拜占庭、阿速、斡罗斯、撒耳柯思、钦察·喀喇儿、巴失乞儿等国”。

在整个蒙古汗国历史时期，由于道路的畅通，东西方物质文化与精神文化得到了广泛的交流。蒙古族文化视野变得开阔了，社会经济同时得到了巨大的发展，蒙古汗国的贵族们穿戴得比以前更华贵、更讲究。这个时期中，蒙古贵族们普遍喜爱金银珠宝饰品，以致出现了像合赞汗那样著名的金银器皿及佩饰设计制作师。合赞汗对珠宝加工、打铁、细木工、彩绘、铸造、旋光等工艺颇有兴趣，并样样精通。

蒙古族的服饰文化，在这个历史时期得到了较大的发展。虽然从《旧唐书》中出现“蒙兀室韦”一词到 13 世纪蒙古汗国的建立，蒙古族登上历史舞台已有了七八百年的历史。但在一些书籍中对蒙古形成之初的服饰文化追述，只是一般性地从人类学角度推理而已，并没有描述出蒙古族原始服饰文化的基本特征。

蒙古族早期的服饰文化特征在《蒙古秘史》中有多处记述。《蒙古秘史》中有这样一段记述："铁木真、合撒儿、别勒古台三个人拿上搠坛母亲作见翁姑礼的黑貂鼠皮袄，去见也速该父亲的旧安答（朋友）王汗。"又有"兀都亦惕·蔑儿乞惕之营地，遗一戴貂皮帽、穿鹿皮靴、着拼接鹿羔皮和貂皮之衣的五岁小儿"的记述，以及"在塔塔尔营地，蒙古军得一小儿，乃戴金耳环金鼻圈，着以鹿皮为里的金丝兜肚"的记述。可见当时蒙古族服饰虽仍以野生动物皮为主，但已出现了通常在中原精美织物中才存在的金丝工艺。服装款式也有了较大的变化，有了袄、袍，也有了衣领及其他装饰。关于金银佩饰的出现，在《蒙古秘史》中有这样的记述："当铁木真与札木合互结为安答时，札木合把从蔑儿乞惕人掠来的金带子给铁木真扎上。"可见早在成吉思汗统一蒙古各部之前，蒙古族服饰文化（包括服装佩饰艺术）已经初具规模，并显现出了游牧民族服饰文化的特征。

二、元代蒙古族服饰文化的艺术特征

成吉思汗之孙忽必烈于1259年在上都继位称大汗后，于1271年建国，国号"元"。1279年，元朝灭南宋统一了全国。忽必烈建立的元朝，结束了中国长期以来的分裂局面，以空前的版图建立了统一的国家，是中华民族发展史

透雕玉饰顶

元
玉
高6厘米
内蒙古自治区乌兰察布市四子王旗元代净州路古城遗址出土

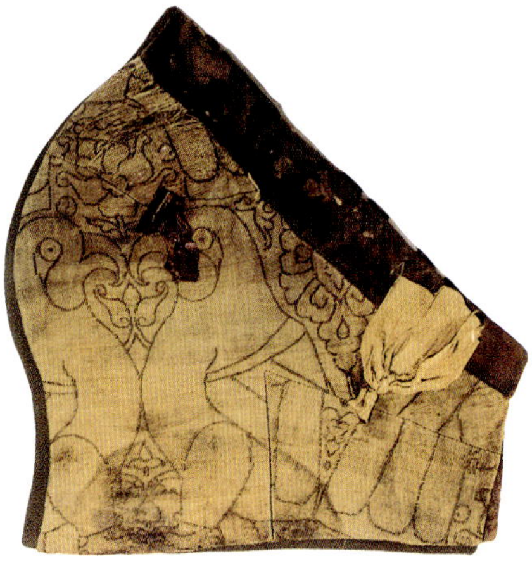

黄褐色织锦对雕风帽

元
织锦
长 36 厘米　宽 36 厘米
内蒙古自治区包头市达茂旗
大苏吉乡明水墓出土

上一座伟大的历史丰碑。当时元朝的疆域“北逾阴山，西极流沙，东尽辽左，南越海表。”元朝的统一为中华各民族政治、经济、文化的交流、融合、发展起到了极为重要的历史作用。与此同时，由于东西方道路的畅通，经济文化交流更加频繁，使元朝社会成为自唐以后又一个大规模的开放性社会，在政治、经济及文化等方面都有了较大规模的发展。元朝廷兼容并包的思想，使各种文化形态及文化艺术得到了进一步发展。

元代蒙古族服饰文化在蒙古汗国时代服饰文化的基础上又有了新的发展。右衽式交领长袍得到了广泛普及，珍贵细毛皮服仍然存在。从刘贯道所绘的《元世祖出猎图》人物服饰中可以清晰地看到皮袍款式。画幅中皇帝所着衣物为皮毛之服，对照文献资料分析当为极其珍贵的材料，大概是银鼠皮袍、貂皮领袖皮边式。元代贵族服饰上所需紫貂、银鼠、白狐等贵重细毛皮需求量很大。当时，毛织工艺制品因为贵族统治集团急需，大量吸收了汉族和西域各民族先进的纺织工艺，技术发展较快，手法多种多样。颜色丰富多彩，有白、青、黑、粉青、红（大红、深红）、黄（柳黄、桔黄）、绿（明绿、深绿）、银、褐等色。最为著名的毛料制品有“丽海拉”、“速夫”等。

由于蒙古贵族的需求，元朝政府对工艺美术事业的发展极为重视，设置了各种管理手工业的机构，其中金银业管理机构有“行诸路金玉人匠总管府”、“金银器盒提举司”、“上都金银置局”等。元代，金银制品在制作技艺、绘塑、纹饰、造型上都有了极大提高，对丰富蒙古族传统服饰文化中的佩饰艺术起到了重要作用。

元代织绣工艺发展迅速而独具特色，同时传统丝织业继续得到发展。元代著名纺织专家黄道婆改革了传统织机以后，丝织物无论在质量还是花色上都有了大幅度提高，而且棉、毛织品又迅速得到了广泛普及。这些大量优质的丝、绵、毛织品不但供应于蒙古贵族及国内市场，而且有大量的出口。仅《岛夷志略》一书

元成宗铁穆尔复原像

黄褐色织锦辫线袍

元
织锦
身长142 厘米　两袖通宽246 厘米
内蒙古自治区包头市达茂旗大苏吉乡明水墓出土

所记述的元代对外贸易纺织品就有：花布、小印花布、五色布、红绢、诸色绢、狗迹绢（即一种金花的丝织品）、龙锦、建宁锦（宋置建宁府，元升为路，即今福建）、缎锦、草金锦（草为皂色，草金缎疑为织金花之皂色缎）、丹山锦（疑为山庆锦之误，渭红百合花，即海东有百合花之锦）、山红绢（织有映山红之绢，即杜鹃花）、青丝布、青缎、土红布、水绫、五色缎、五色绢、麻逸布、锦缎、红丝布、八丹罗布、苏杭五色缎、南北丝、土丝绢、毛毡、绫、罗、布匹等。花色繁多，品种各异，美不胜收。这些织物的工艺有提花、压花印金和绣花等多种。其中，紫罗绣花夹袍是元代丝织品中的佼佼者，图案纹饰多达99种，主要有凤凰、野兔、角

黄褐色织锦辫线袍下襟局部——人面狮身纹

黄褐色绢印金四菱花卉纹姑姑冠

元

桦木、绢

高34厘米　底径9厘米

内蒙古自治区乌兰察布市四子王旗元代净州路古城遗址出土

黄褐色绢印金四菱花卉纹姑姑冠局部——童子背莲

鹿、彩蝶、双镥鱼、乌龟、鹭鸶动植物和人物图案。

在这些织物中，织金锦缎是元代纺织业中的新工艺品种，其特点是在织物上加织金银线，以提花显现出花样。其中“纳失石”为最名贵织品。“纳失石”一词有的学者认为源于阿拉伯语，有的学者认为是元代蒙古语。《元史·舆服志》载：“纳失石、金锦也。”虞集解释纳失石的做法是“缕皮傅金为织文者也”。纳失石当时成为元代织物中的精品，更为元代蒙古族统治者所喜爱。《元史·舆服志》载：“天子冕服中之玉环绶制以纳失石（金锦也），上有三小玉环，下有青丝织网。”这种织物在当时价格也是非常昂贵的，据《山居新语》载“至元四年，太后命将作院官司，以紫绒金线，翠羽织一衣缎，赐伯颜太师，其值计一千三百锭。可谓之服妖也。”

元代贵族服饰在不少方面继承了汉族制度，《元史·舆服志》中明确规定：“百官公服：公服，帛以罗，大袖、盘领、俱右衽。”又载：“皇帝祭祀用的衮服蔽膝、玉簪、革带、绶环等都饰有龙纹。仅衮衣一件前后就绣有八条升龙，领袖衣边的小龙不在内。”内蒙古自治区文物考古研究所和内蒙古自治区正蓝旗文物管理所，于1992年8月在正蓝旗元上都羊群庙遗址中发现了三尊祭祀石雕人像。考古发掘初定为13～14世纪蒙古族文化遗存。一号祭祀遗址出土的石像为正襟端坐在背圈椅上，服饰为内穿紧袖口长衫，外罩右衽半袖长袍。长袍环胸背及双肩饰双龙纹和卷云纹（也称云气纹）图案，龙首在胸前做相向对称分布，环绕至背部龙尾相对，龙首扁而略长，疏发，龙身略作弯曲，鳞甲整齐细密，五爪，蛇尾，龙纹间填刻卷云纹，双龙造型优美。其余两尊石像服装及纹饰与一号石雕像大同小异。从历史上看，在元之前蒙古族传统文化中，没有龙文化，只有蛇文化，所以蒙古族在龙的发音上基本沿用了汉语龙字的发音，从元代才开始接受中原民族的龙文化，而且在服装纹饰中大量运用龙纹，并在其他生活装饰上也广泛运用龙纹。

元世祖皇后弘吉剌氏车伯尔像

姑姑冠译自蒙古语，有不同写法，如“顾姑”、“故姑”、“故故”、“姑姑”等。另借用波斯语称为“孛塔黑”，意思是指已婚妇女的冠帽。姑姑冠以桦树皮制成筒形，筒外包着色彩鲜艳的丝绸和织锦，缀有花朵、不同质地的珠子等饰物，并插上孔雀毛或野鸡毛。在元代壁画中都能够见到戴姑姑冠的蒙古妇女形象。

姑姑冠被中原人和江南人视为奇观，曾前往上都的杨

“只孙服”（又作“济孙”、“质孙”等），在元代被视为贵族的服饰之一，贵族们见天子时穿戴此服。只孙服款式在蒙古汗国时期就已经基本形成了，它的原形是蒙古汗国时期的戎服，服装款式为上衣连下裳，衣式较紧窄且下裳较短，在腰间作无数的襞积（即打作细褶），并在其肩背间加以大珠饰，此服便于乘骑等活动。

元代天子冬天的只孙服有十一等，夏天有十五等，帽子随只孙服衣料、色泽而佩戴。百官的只孙服，也有定色，计冬服有九等，夏服十四等，也以其衣料与色泽来分别。

元代统治者所穿的袍服，为交领右衽窄袖袍，腰间也打细褶，用红紫线横向缝纳固定，穿时腰间紧束，便于骑射，这种袍元代称作“辫线袄”。与只孙服也有相似之处。元代蒙古族中还有一种“半臂”服饰，即短袖长袍。这种半臂服分大襟和对襟二种款式，是蒙古贵族们常穿的外罩，后来又有了对襟短衫，类似马褂。答忽也有二种，一种是毛朝外的山羊皮答忽，对襟高领；另一种是毛朝里的答忽，主要是富贵人家天冷时穿用。扎哈服饰，是在披肩基础之上演化而来的服饰形式。“毡子斗篷”，鲁布鲁乞在其游记中称“雨衣”，是以毛毳制作的多功能衣物。裤多为高腰肥裆裤，另一种是套裤。山东省邹县元代墓出土的服饰中就有这种套裤的实物。

元代蒙古族帽饰，除了在蒙古汗国时期已有的栖鹰冠、笠子冠等仍然流行外，还出现有珠帽、八宝顶帽、七宝笠、藤帽、草帽、藤草帽、毡帽、圆笠、骏笠、折檐暖帽、帽檐前圆后方的笠帽等多种。如内蒙古自治区赤峰市元宝山元代壁

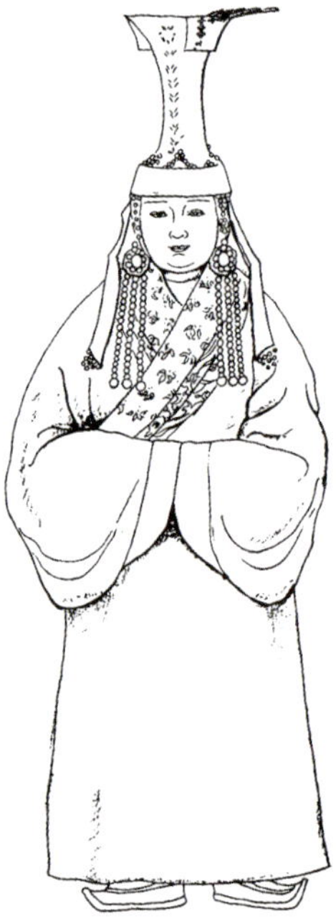

元世祖皇后弘吉剌氏车伯尔复原像

允孚在《滦京杂咏》中写下了“香车七宝固姑袍，旋摘修翎付女曹”的诗句；江南的聂碧窗更写下了这样一首《咏胡妇诗》：

双柳垂鬟别样梳，
醉来马上倩人扶。
江南有眼何曾见，
争卷珠帘看固姑。

画墓，壁画正中绘墓主人男女各一，男主人及身后的侍女均戴栖鹰冠，身着交领式右衽长袍以革带束腰，足登络缝靴。甘肃省漳县元汪世显家族墓出土“笠子帽”实物，有两种，一种是前加檐笠帽，另一种是钹笠帽，帽顶垂有宝石珠串。故宫博物院收藏的元代陶俑中，有的也戴帽檐前圆后方的笠帽。

蒙古汗国后期及元代，蒙古族妇女多戴姑姑冠饰，也是当时蒙古族贵妇典型的礼仪帽饰。蒙古语称“包阁塔格”。据《蒙古秘史》载：“已婚妇女两种发型，一种是左右梳两辫垂于胸前的发式称之为‘希布格勒格尔’，另一种则是缠在头顶上的发髻称为‘包阁塔拉呼’”。因此姑姑冠是由蒙古汗国时期已婚妇女的发髻变化而来。关于姑姑冠，在《元史·舆服志》、《黑鞑鞑略》、《天禄识余》、《长春真人西游记》、《蒙鞑备录》等史书中都有记述。姑姑冠的制作多以桦树皮、绸缎、绢、帛、漂亮的羽毛为材料。1974年，在内蒙古自治区乌兰察布市四子王旗乌兰花镇西南元代汪古部贵族陵墓出土的“姑姑冠”就是用桦树

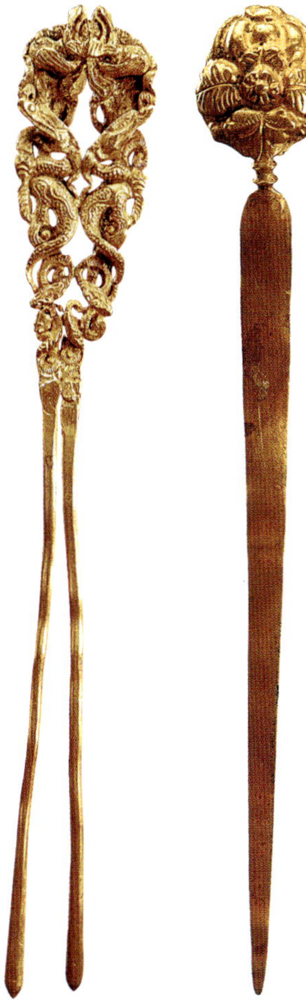

龙纹金簪（左）

元
金
长15.5厘米
内蒙古自治区乌兰察布市察右前旗出土

牡丹纹金簪（右）

元
金
长14.8厘米
内蒙古自治区乌兰察布市察右前旗出土

皮围合缝成的长筒，外面包黄绢印金花，并用珠宝、金银、彩绸、色彩艳丽的孔雀毛装饰，其形制基本符合文献中的描述。

元代蒙古族妇女服饰，在原有的基础上有了较大的突破和创新，但仍旧多用羊皮和毛毡一类的制品。夏季贵妇人身着贵重面料的袍服，大袖而袖口处较窄，交领式长袍宽大而长至脚面或者长曳于地，行走时需要两侍女来拽。当时，汉族称此类服为“团衫”或“大衣”，多以大红织锦、吉贝锦、蒙茸、锁里（毡褐类，质地轻薄）为料。服饰色彩以红、绿、黄、茶色、胭脂红、鸡冠紫、泥金等色为时尚。元代蒙古族穿靴为主，而且以革制靴较多。靴子的种类有鹅顶靴（即圆头靴）、鹄嘴靴、云头靴、毡靴、皮靴、高丽靴、络缝靴等。款式上主要有翘尖靴和尖头靴。妇女以穿红靴为主。蒙古族诗人萨都剌在《王孙曲》中有“衣裳光彩照暮春，红靴着地轻无尘”句，其中描绘了当时蒙古贵族穿的时尚红靴。

总之，蒙古族文化艺术在元代得到了突飞猛进的发展，其中服饰艺术作为文化艺术的重要组成部分，发展更为迅速，可以说在蒙古汗国时期服饰文化基础之上，传统的民族服饰文化得到了进一步升华。因此，当时也产生了像世祖忽必烈、皇后车伯尔那样热衷于传统服饰改革的艺术家。《元史·后妃列传》记有车伯尔改革服饰的故事：“胡帽旧无前檐，帝因射日色炫目，以语后，后即益前檐，帝大喜，遂命为式。又刷一衣，前有裳无衽，后长倍于前，亦无领袖，缀以两袢，名曰比甲，以便弓马，时皆仿之。”元代蒙古族服饰文化既继承自己的传统服饰，又借鉴了北方其他少数民族、汉族以及高丽服饰特点，丰富了元代蒙古族服饰文化。

三、明代蒙古族服饰文化的艺术特征

1368年，元惠宗妥懽帖睦尔败退中原，回到上都城后，建立了北元政权。北元政权从建立开始，内外的斗争一直在持续。从惠宗妥懽帖睦尔到昭宗爱猷识理达腊汗，由于连年交战，蒙古军事力量大大削弱，辽东、漠南、甘肃等地大部分地区划入明朝统辖之下。明朝在这些地区授官封爵、设置卫所，先后建立了二十多处蒙古卫所，其官都督、指挥、千户、镇抚等均由蒙古族封建首领担任。与此同时，在北元蒙古统治集团中，又因争夺皇位而进行了多年内部战争，使得蒙古族

蒙古贵族画像——美岱召大雄宝殿壁画

社会政治、经济文化都受到了极大破坏。特别是经济上，由于明王朝早期对蒙古族地区采取了贸易封锁措施，给蒙古族地区经济发展带来了相当大的困难。

达延汗继位后，在满都海夫人和达延汗的共同努力下，至明代中叶，蒙古族各部重新得到统一。达延汗在位 38 年（1479～1517 年）中，受到了蒙古各部首领的拥护和支持，他为蒙古各部重新划分了领地，在较长的时期内使蒙古族社会内部出现了相对稳定的局面，社会经济得到较快的恢复和发展。但达延汗去世后，蒙古族各部首领又纷纷争夺汗位，使得蒙古族内部社会又一次陷入了割据和战乱之中，使刚刚恢复起来的社会经济再次遭到了破坏。

明朝嘉靖年间（1522～1566 年），达延汗孙俺达汗为首的土默特部逐渐强大起来，成为了蒙古族内右翼盟主，并且征服了上下撒里、畏吾儿地区。俺达汗在扩充势力的同时，还努力恢复经济，推动农业生产，并且积极恢复与明朝的经济联系，建立了通贡互市关系，使得蒙古族右翼地区社会经济文化又重新得到了发展。漠南地区蒙古族社会经济在汉族影响下，开始出现农业生产，与此同时手工业也相应得到了发展。

明代蒙古民族服饰文化的基本特征，多反映在《阿拉坦汗法典》和《卫拉特蒙古法典》之中。《阿拉坦汗法典》的记载表明，当时的蒙古族服饰款式、质料、佩饰等大致有白狐皮袍、“赫孟斯”皮袍、旱獭皮袍、山羊皮答忽、金帽、银丝带、玉带、额箍、马褂、领衣、铁环甲、褡裢、脖套、斗篷、金腕、袜子、被子、头帘等。另外还有狐皮、棉布、熊皮、水鸟羽毛、驼毛、羊毛等作为服装的材料。《卫拉特蒙古法典》全书 120 条法规之中，有 20 多条记载了有关蒙古族服饰文化方面的内容，其中还分为生活服饰、军戎服饰，涉及服饰面料与其款式特征。

17 世纪初，蒙古漠南地区的汉人萧大亨撰写了《北虏风俗》，其中较为详实地记述了蒙古族当时的服饰文化特征。书中记述：“今观诸夷，皆祝发而右衽矣，其人自幼至老，发皆削去，独存脑后寸许为小辫，余发稍长，即剪之，惟冬月不剪，贵其暖也。”“若妇女出生时，业已留发，

蒙古贵妇像——美岱召大雄宝殿壁画

长者为小辫十数，披于前后左右。必待嫁时见公姑，方发两边，末则结为二椎，垂于两耳，耳亦穿小孔，贯以金铛银环，亦以朱粉以饰。……其帽如我大帽，而制特小，仅可以覆额，又其小者止可以缨，帽之前，缀以银佛。制衣毡或皮，或以麦草为辫绕而成之，如同南方农人之麦笠然，此男女同冠者。凡衣，无论贵贱，皆窄其袖，袖束于手，不能容一指，其举恒在外，甚寒则缩其手，而伸其袖。袖之制促为细褶，褶皆成对而不乱，膝下可尺许，则为小边，积虎、豹、水獭、貂鼠、海獭诸皮为缘。缘以虎、豹，不枯草也。缘以水獭，不渐露也。缘以貂鼠、海獭，为美观也。”“又别有一制，围于肩背，名曰贾哈，锐其两隅，其式如箕，左右垂于两肩，必以锦貂为之。”“女不断方鞋，与男俱靴，靴之底甚薄，便于乘骑也。”着贾哈，锐其两隅，足登薄底靴，足以显示出了便于游牧民族乘骑的特点，同时银佛饰顶也反映出了佛教文化对服饰文化的影响。

明代蒙古族所建（1606年）美岱召，其壁画中的人物服饰为我们提供了真实的史料。壁画主要存于美岱召大雄宝殿中，壁画中有一组蒙古族供养人群像，他们身着比较典型的明代蒙古族服饰，手持念珠等物。北侧有一位老妇人像。她头戴皮沿帽，帽顶为红色，顶上饰有珠，帽下左右饰带，带底呈角形，有披肩（似扎哈服，但两隅不向上翘起)，身着皮领对襟呈淡色粉

蒙古贵族画像——美岱召大雄宝殿复原像

面对襟袍服，短袖（半臂）袖边镶有贵重皮毛，下摆饰绛色厚重皮毛。考古专家认为她可能是三娘子老年形象的描绘。其右边一位丰髯蒙古族贵族人物的画像，似为三代顺义王扯力克。其他蒙古族贵族画像均为盘坐式人物像，头戴红宝顶红缨貂皮圆形帽，身内着红色有马蹄袖长袍，外套貂皮翻领宽袖长袍，呈灰色。在他们的画像下方，绘有四位辫发的蒙古男子像，均着交领式服装且都挂有串珠饰，头戴红宝石顶圆帽，其帽沿饰有贵重猞猁皮毛。壁画中还描绘了蒙古族贵妇画像，盘坐式，头戴红缨笠帽，边檐饰红黄蓝等色，身穿马蹄袖粉白色长袍，外套半袖长袍，肩围扎哈，耳戴环形耳环，上饰珠宝。发辫自两肩下垂并坠发套装饰成圭形，耳坠间还置有坠链下垂至胸前。美岱召这幅并不大的壁画中描绘了四十几个服饰不同、体态各异的蒙古族贵族形象。

从美岱召明代壁画人物服饰来看，既有元代蒙古服饰的特征，又有明代蒙古人自己创新的文化个性。在服装上，最为突出的是长袍的领式和袖形的变化，那时已经有了皮翻领和窄袖上加装饰马蹄袖的长袍。在发型上，不见元代蒙古人发辫垂于两肩的男子，仅有合辫为一的后垂式发型。

明代蒙古族的生活服饰，在保存和继承元代蒙古族特有的服饰文化之外，又增添了不少新的服装款式，其中有合孛纳格（是乘骑时用的雨衣）、挖布西格、温吉拉格（妇女头饰），佩饰有戒指，日用有地毯、坐垫等。在明代，蒙古族又创制了套在脖子上的领衣，是在传统服饰扎合的基础上演变成的新服饰。服装面料方面还有绸缎、金锦、毛织品等，此外还有香牛皮、羊皮、羊羔皮、粉皮以及虎、豹、狼、獾、狐、海狸、水獭、灰鼠、银鼠、貂、狸子、自鼬、野猫等各种北方野生动物皮毛。在刺绣工艺上，明代蒙古族也有了很大的发展，出现了以绣、贴、

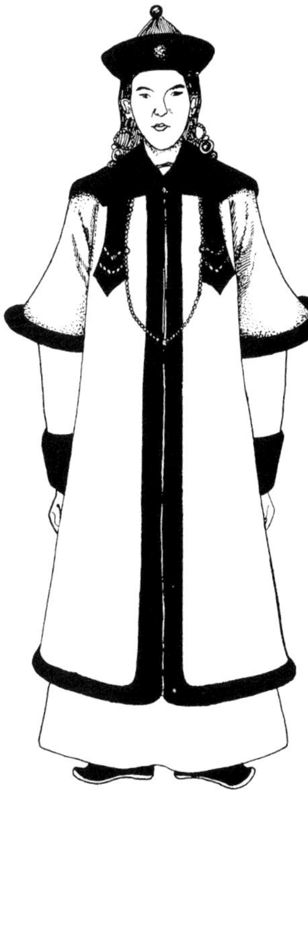

蒙古贵妇像——美岱召大雄宝殿复原像

抠、补等技法做出的各种精美的图案花饰，为蒙古族丰富多彩的服饰文化的发展起到了点金描银的作用。

明代蒙古政权退居漠北，长期处于分裂割据的状态，达延汗时虽基本统一蒙古高原，但由于实行分封制，把蒙古各部分赐给了诸子，诸子各有自己管辖的领地。这一政策推行的结果是事实上扩大了那些蒙古族封建领主在领地内的权力，也不同程度上加大了各领地间的分裂局面。这种统一体内的割据状态也体现在服饰文化上。领主们为了突出各自领地的特征及其在领地内至高无上的权力，规定贵族和阿拉巴图的服饰要有自己的特色，用质料和款式的不同来区别部落、身份。政治上的需要，加之蒙古族分布地域广阔，各部落间风俗习惯、自然环境有所区别，在明代蒙古族各部落、地区间的服饰文化差异逐渐拉大。从客观上来讲，这对明代乃至清代蒙古族服饰文化的繁荣发展起到了促进作用，并在很多方面对清代满族服饰文化的发展起到了借鉴作用。

四、清代蒙古族服饰文化的艺术特征

16世纪末，蒙古族内部互相争夺汗位，漠南、漠北和漠西蒙古族封建势力各自为政，战争不断。而此时，东部女真族的新政权日渐强大，1616年建立了后金政权，严重威胁着周围的少数民族政权。明朝为消灭后金，开始改变对蒙古的政策，与蒙古察哈尔部首领林丹汗相约，攻打后金，但结果却是林丹汗大败而逃。不久，蒙古族的科尔沁部被后金收服，此后蒙古各部相继被后金吞并。1636年，漠南地区蒙古族24部49个封建领主，投降于后金，共认皇太极为蒙古可汗。

红宝石顶暖帽局部

红宝石顶暖帽

清
狐皮、宝石
高17厘米　帽径32厘米
内蒙古自治区锡林郭勒盟征集

清初，为了加强中央集权制，清朝政府对蒙古地方管理体制和封建社会秩序进行了统一和调整。首先，把蒙古地区的畜牧经济作为清朝统一国家的一个重要经济门类加以管理。蒙古地区的畜牧业直接或间接地获得了国家农业及手工业的调剂和有效的支持。再者，在管理体制上，固定了畜牧业的经营范围，建立盟、旗行政管理体制和蒙古八旗制度，分别建立札萨克旗、总管旗、喇嘛旗，又分别授予蒙古贵族以亲王、郡王、贝勒、贝子、镇国公、辅国公和一、二、三、四等台吉等爵位，并按清制朝服，指定品级冠服。除此之外，清朝皇帝为了进一步加强和改善与蒙古民族上层贵族的关系，还采取联姻的办法，娶蒙古族贵族女子为皇后，并且把清朝的公主下嫁给蒙古族王公贵族。这在客观上推动了满蒙文化交流，推动了蒙古族社会政治经济文化的进一步发展，使蒙古族社会实现了较长时间的稳定，蒙古地区畜牧业、农业同时得到了发展。

清代蒙古族服饰，不论是质料款式，还是穿戴类别都超越了以往。清代蒙古贵族服饰严格遵循清朝服饰制度，按官衔品级戴顶子和翎羽，穿蟒袍和补服，以区别其身份地位。这一特点在当时的许多有关蒙古族的文献之中都有记载。如《巴彦淖尔文史资料选辑（四）》所载乌喇特中公旗扎萨克及其各级官员的冠饰是“旗扎萨克诺颜戴红宝石顶子，花翎；旗协理戴珊瑚顶子，暗花翎；管旗章京戴紫红珊瑚顶子，梅林章京戴亮蓝顶子，暗花翎；扎兰章京戴不透明蓝顶子，暗花翎。一、二等台吉戴珊瑚顶子，三等台吉戴展示蔚蓝顶子，四等台吉戴暗蓝顶子，破落台吉戴暗顶子。名誉章京戴白顶子，花翎；名誉昆都戴暗自顶子，暗花翎。”《巴林风俗民情录》载，王爷头戴珊瑚顶子，单眼花翎。如亲王、和硕亲王头戴红福石顶子，双眼花翎。贝勒戴珊瑚顶子，单眼花翎。贝子戴珊瑚顶子或者是透明顶子，暗花翎。管旗章京戴红顶子，暗花翎；梅林章京戴不透明的蓝顶子，暗花翎。

有关补服和蟒袍，在《大清会典图》中有明确规定，亲王补服绣五爪金龙四团，蟒袍蓝石青

古铜缎孔雀羽绣蟒袍

清
缎、羽毛
身长 145 厘米　两袖通宽 230 厘米
内蒙古自治区呼和浩特市征集

袍服通身以孔雀羽毛捻线铺地钉绣在古铜色缎上，金银五彩线绣龙纹，间饰祥云纹。这种工艺在南北朝时代已有记载，称“铺翠”。袍服为清廷赏赐给蒙古王公之物，是清代袍服中稀有珍品，为“吉服”。此服反映蒙古族王公地位。

色九蟒；郡王绣五爪行龙四团，蓝、石青色九蟒；贝勒绣四爪正蟒两团，蓝、石青色九蟒四爪；贝子绣五爪行蟒两团，蟒袍同贝勒；镇国公、辅国公绣五爪正蟒两方，蟒袍同文武三品官员。文一品绣鹤，二品绣锦鸡，三品绣孔雀，四品绣雁，五品绣白鹤，六品绣鹭鸶，七品绣鸂鶒，八品绣鹌鹑，九品绣练雀，蟒袍一品至三品同贝勒，四品至六品蓝、石青色八蟒四爪蟒袍，七品至九品蓝、石青色五蟒四爪蟒袍；武一品绣麒麟，二品绣狮子，三品绣豹，四品绣虎，五品绣熊，六品绣彪，七品、八品绣犀，九品绣海马，蟒袍规定同文官。

清代蒙古族王公的官服，只是蒙古民族上层服饰中的一部分，并不意味着整个蒙古民族服饰满族化。在蒙古官员的日常服饰中也有传统的本部落服饰。清朝廷施行的严禁蒙古各盟旗之间来往的分裂政策，给蒙古地区的政治、经济的来往带来了很大的阻碍，但这一政策也给蒙古族各部落传统服饰的保留和发展提供了条件，使蒙古族民间服饰文化在其传统基础之上不断创新发展。

关于这方面的资料在清代文献及蒙古族文献中记述较多。据《绥蒙辑要》载："其服各旗虽不一致，但以赤、紫、内色为普遍。外衣颇长，解束则达地，故就寝之际，往往可用代被，着时须提上，用带紧束腰部，故其胸背褶襞甚为显著。靴则革制，或布制，常戴帽。"《绥远通志稿·民族志》记载："各族服制，有官服、便服之分，仍沿用清制，不论男女老幼、富贵贫贱，足必踏靴，身必着袍，腰必束带，富衣绸，贫以布，气候偏寒，盛夏亦须夹袍，冬则一律皮袍，袍之四周，多用布或库锦缘边，袖特长，遮手过膝，袖头作马蹄形。袍之左右不分岔，用带束之。妇女御袍多喜加背心，俗称'坎肩'，靴料贫者多用布、富家用香牛皮。其式，靴面三道，靴尖起如牛鼻子形，冬春多戴皮帽，其式，尖顶大耳、夏日亦有用布巾者，约腰之带，以红黄绸子为最美观，带下佩以蒙古刀。女子胸前多佩小荷包，开缀以小串珠，内藏鼻烟壶。"从以上各种史籍文献对蒙古族清代历史时期服饰、佩饰记述来看，内容已经十分丰富多彩，也基本上描述出了清代蒙古族服饰文化的基本特色和民族个性特征。

清代蒙古族服饰的发展，还体现在其种类样式的增多和衣服用途的细化之上。清代，按蒙古

明黄缎十二章龙袍

清
缎
身长143厘米　两袖通宽190厘米
内蒙古自治区呼和浩特市征集

明黄缎龙袍堪称中国刺绣工艺的典范，此件龙袍为明黄绸地，上绣九条龙、六蝠、团寿、海水江崖及十二章纹，（日、月、星辰、山、龙、华蟲、粉迷、宗彝、火、藻、斧、黻）。十二章象征聚万物精华，其绣工精细，色彩讲究。九条龙中有四条龙分别在前后胸、两肩，另四条行龙在前后襟裳部，其中一条行龙绣于底襟，前后望去均为五条龙，示为九五之尊。

明黄缎十二章龙袍局部图案

族不同部族和地域形成服饰文化差异性的特征，蒙古族服饰文化可分为巴尔虎、布里亚特、科尔沁、巴林、喀喇沁、乌珠穆沁、阿巴嘎、苏尼特、察哈尔、土默特、杜尔伯特、乌喇特、鄂尔多斯、土尔扈特、喀尔喀、厄鲁特、和硕特等多种有差异特征的蒙古族服饰文化区域。若以类别、款式、用途细分，可以分为帽类、衣饰类（也称袍服类）、头饰类、靴袜类及佩饰类等，而其各类别中的款式分类更是数不胜数。

清代蒙古族帽类主要有尖顶护耳帽、圆顶护耳帽、尖顶立檐帽、圆顶立檐帽、风雪帽、劳布吉帽、陶尔其克帽、尤登帽、头巾及大耳套和小耳套。衣饰类主要以右衽长袍为主，袍服又可分为宽下摆袍、窄衩摆袍、开衩、无开衩袍、马蹄袖袍、无马蹄袖袍，衣饰类还包括答忽、呼尔木（即马褂），长坎肩、短坎肩、大襟长坎肩、对襟长坎肩、大襟短坎肩、对襟短坎肩、巴图鲁坎肩、瑟琶襟坎肩，还有便裤（分为肥裆和平裆）、套裤等。靴类有大翘尖形靴子、小翘头尖形靴子、圆头靴子、尖头靴子、薄底靴子、厚底靴子、毡靴子、套靴子、毡靴子（俗称毡瘩达，有的绣花），棉袜、布袜等。

清代蒙古族服饰按其年龄性别可分为：老年男子服饰、青年男子服饰、少儿服饰，老年妇女服饰、青年女子服饰、少女服饰等。

按生活可分为冬季服饰、夏季服饰、春秋服饰。按用途可分为宗教服饰（包括蒙古“博”服与喇嘛服、祭祀服、祭祀舞服等）、礼仪服（婚礼服、丧服）、乘骑服、狩猎服、摔跤服、官服、赛马服、射箭服等各种服饰。

在蒙古族广大辽阔的居住区域里，从17世纪到19世纪初年，随着社会经济的恢复，畜牧业、商业、手工业的发展，服饰文化蓬勃发展，形成了独具风采的清代蒙古族服饰文化。特别是在当时，蒙古族各旗内出现制作金银器的能工巧匠，他们精湛的工艺给头饰、佩饰增添了许多蒙古族特色和本部落的特色。他们以金、银、珍珠、珊瑚、玛瑙、翡翠、琥珀、绿松石等名贵材料，利用凿雕、模压、铸塑、镂刻等技术在头饰、火镰、餐具、器物（木制器与铜制器皿）上饰以五彩斑斓的装饰和别具特色的花纹。妇女们则以皮毛、布帛、草毡、锦缎、绸绢等材料制作出各具特色、款式有别的蒙古族服饰。从清代开始，蒙古民族服饰的款式风格、服饰种类逐渐定型，最后形成了今天绚丽多彩的、有着独特风格的蒙古族服饰。

蒙古族从蒙兀室韦始，到清代经历了一千多年的历史。聪慧勇敢的蒙古族人民在不同历史时期依据材料和特有的民族审美观，不断以服饰展现着民族个性美的特征。在这一过程中，既传承了其独特的审美意识，又融汇了不同民族审美意识，从而提高和升华了民族审美意识，把民族审美理念变成了审美现实，形成了独树一帜的民族审美个性系统。

笔者多年来从事蒙古族服饰文化相关资料的收集、整理及其实物的修复、复制等具体工作，多次深入到蒙古族民间征集调查头饰及服装款式种类，做了大量的文字笔录工作。在本书中，笔者以蒙古族清代服饰艺术作为切入点，以清代巴尔虎、布里亚特、科尔沁、察哈尔、苏尼特、乌珠穆沁、鄂尔多斯、和硕特等部落服饰为标本，从男女服装、饰物及其工艺入手，以图文并茂的形式，从民族学、历史学、美学多角度探讨诠释了蒙古族各部落的传统服饰的形成发展规律及其艺术形式。服饰文化是一个庞大的体系，要想涵盖所有内容并非易事，希望本书能够对研究和爱好服饰文化的读者带来一些有益的信息。

壹 王公服饰

清代蒙古族王公服饰，主要遵循清朝廷品官服饰制度，按照官衔品级的高低来穿戴。清代蒙古族官员服饰的演变与蒙古族北元政权的衰落和依附满清统治的进程有着密切的联系。从清太祖、太宗时期开始，蒙古各部因内部连年战乱，陆续依附当时逐渐强大的后金。满族人为取得强大的蒙古各部的支持，宣称满蒙一家，并对前来归附的蒙古各部施行恩威并济的政策。他们首先让科尔沁部内附后，逐渐征服漠南蒙古，随后又利用漠南蒙古的力量收服了漠北喀尔喀部，继而并入和硕特、准格尔部，接收土尔扈特部东归，基本控制了蒙古各部。

为更好地统治和利用蒙古各部，清朝廷在蒙古族原有的部落制度的基础上逐步建立起旗制和会盟制度。经康、雍、乾三朝，内外札萨克和漠西蒙古贵族，根据归附早晚及功劳大小，由清朝廷封授了亲王、郡王、贝勒、贝子、镇国公、台吉等爵位。在清朝政府中，蒙古贵族的地位仅次于满族贵族。据乾隆《大清会典》统计，内蒙古共有王公 84 人、台吉 4 人；外蒙古汗 3 人、王公 51 人、台吉 39 人；漠西青海等地王公 28 人、台吉 22 人。蒙古王公依照清朝定制，在本旗建立王府，府属官制各依满族王、贝勒等级。这些蒙古王公、贝勒、贝子、台吉等各级官吏的顶戴、服色、坐褥，都与满族王公大体相同。

清朝官服制度规定，文武百官品服分为朝冠、吉服冠、端罩、朝服、补服、蟒袍等类别。以冠服顶子、蟒袍以及补服的纹饰、颜色来分别品秩等级。

朝冠顶珠，以金属底座承一至三层，中间嵌圆珠宝，上嵌锥形宝石，其佩戴有严格的品级规定；吉服冠顶子为球形珠宝及金属底座。吉服冠与朝冠帽形制大体相同，冠后插有翎枝，其制六品以下用蓝翎，五品以上用花翎。

王公、官员穿蟒袍，一品至三品绣五爪九蟒，四品至六品绣四爪八蟒，七品至九品绣四爪五蟒。自亲王以下皆穿补服，石青色，前后缀有补子，文禽武兽。贝子以上用圆形补子，其余用方补。端罩是职位比较高或皇族近臣及侍卫穿戴，形式同补服相似。

清代命妇：王公福晋及贝勒、贝子夫人和品官夫人等也有冠服规定，其形制与男子类似，依据丈夫的官位而定，有朝冠、朝服、朝裙、吉服、蟒袍、补服等。

清代蒙古王公贵族遵循清朝服饰制度，按官衔品级戴顶子和翎羽，穿蟒袍和补服，以区别其身份地位。这一点多处体现在当时有关蒙古族的文献当中。如《巴彦淖尔文史资料选辑（第四辑）》所载：旗扎萨克诺彦戴红宝石顶子、花翎；旗协理戴珊瑚顶子暗花翎；管旗章京戴紫红珊瑚顶子；梅林章京戴亮蓝顶子、暗花翎；扎兰章京戴不透明蓝顶子、暗花翎。一、二等台吉戴珊瑚顶子；三等台吉戴蔚蓝顶子；四等台吉戴暗翠蓝顶子。名誉章京戴亮白顶子、花翎；名誉昆都戴暗白顶子、暗花翎子。一等侍卫戴亮蓝顶子、单眼花翎；二、三等侍卫戴亮白顶子、暗花翎；哈本戴暗蓝钉子、暗花翎。《西乌珠穆沁旗文史资料汇编》又记载：最后一世亲王朝服是，头戴江獭暖帽、戴紫红宝石顶子、三眼孔雀翎；身着双龙黄缎马褂；足穿厚底靴。除了这些文献资料外，在蒙古族地区各个盟旗、部落都留存着当时王公穿戴的物件和珍贵的图片资料，现收藏的实物就有三十多件。

清代蒙古王公，其官服虽然严格按照朝廷的规制而穿戴，但这只是蒙古民族上层服饰的一部分，并不意味着整个蒙古民族服饰的满族化。在蒙古官员的日常服饰中仍有传统的本部落服饰。清朝廷施行的严禁蒙古各盟旗之间来往的分裂政策，给蒙古地区的政治、经济的发展带来了很大的阻碍，但这一政策客观上也给蒙古各部落传统服饰的保留和发展提供了条件。总之，到了清代，蒙古民族服饰的款式风格、种类已基本定型，形成了绚丽多彩、风格独特的蒙古族服饰。

清代服饰

一　男子服饰

紫缎万字纹蟒袍

清
缎、金线
身长 150 厘米　两袖通宽 190 厘米
内蒙古自治区呼和浩特市征集

珊瑚顶凉帽

清
竹、宝石、羽毛
高20厘米 直径31.5厘米
内蒙古自治区呼伦贝尔市征集

紫缎万字纹蟒袍局部图案

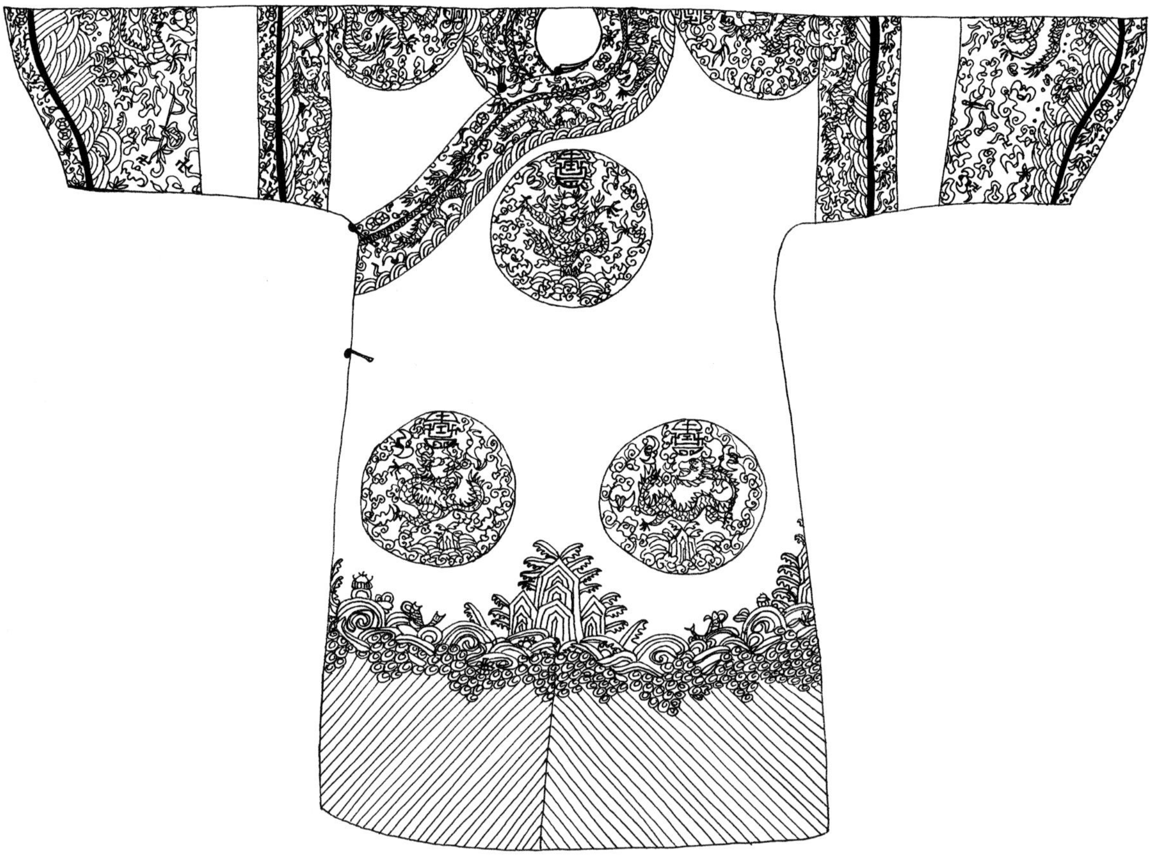

前

后

红缎缂丝龙袍

清

缎

身长148厘米　两袖通宽180厘米

原件征集于内蒙古自治区呼和浩特市

红缎缂丝龙袍局部图案

红缎狐皮团龙袍

清
缎、皮
身长 135 厘米　两袖通宽 190 厘米
内蒙古自治区呼和浩特市征集

红缎龙纹袍

清
缎
身长138厘米　两袖通宽188厘米
内蒙古自治区乌兰察布市四子王旗征集

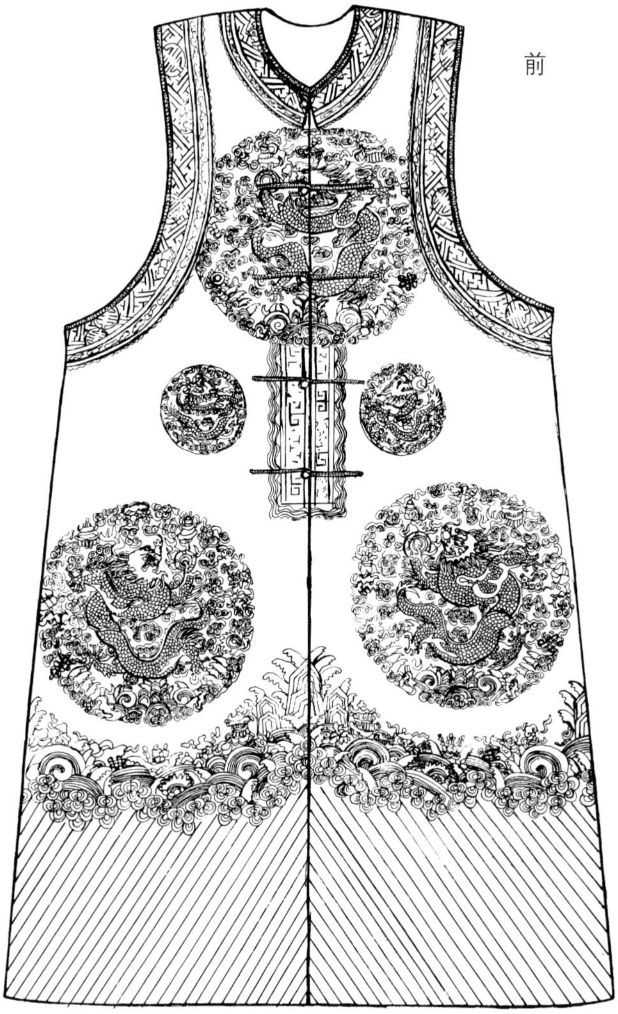

前

后

石青缎团龙长坎肩

清

缎

身长 138 厘米　肩宽 40 厘米

原件征集于内蒙古自治区赤峰市

香牛皮云纹靴

民国
皮
底长38厘米　底宽10厘米　靴高42厘米
内蒙古自治区锡林郭勒盟征集

香牛皮云纹卷鼻靴

民国
皮
底长42厘米　底宽12厘米　靴高40厘米
原件征集于内蒙古自治区锡林郭勒盟

二　女子服饰

凤冠，称“钿子”。由钢丝上缠绕黑绸为龙骨，编成菱形网格骨架，其上饰14只点翠铜鎏金凤和9朵牡丹花。“点翠”是一种特殊的制作工艺，将鸟的羽毛粘贴在银铜或纸浆之上，称“点翠”。

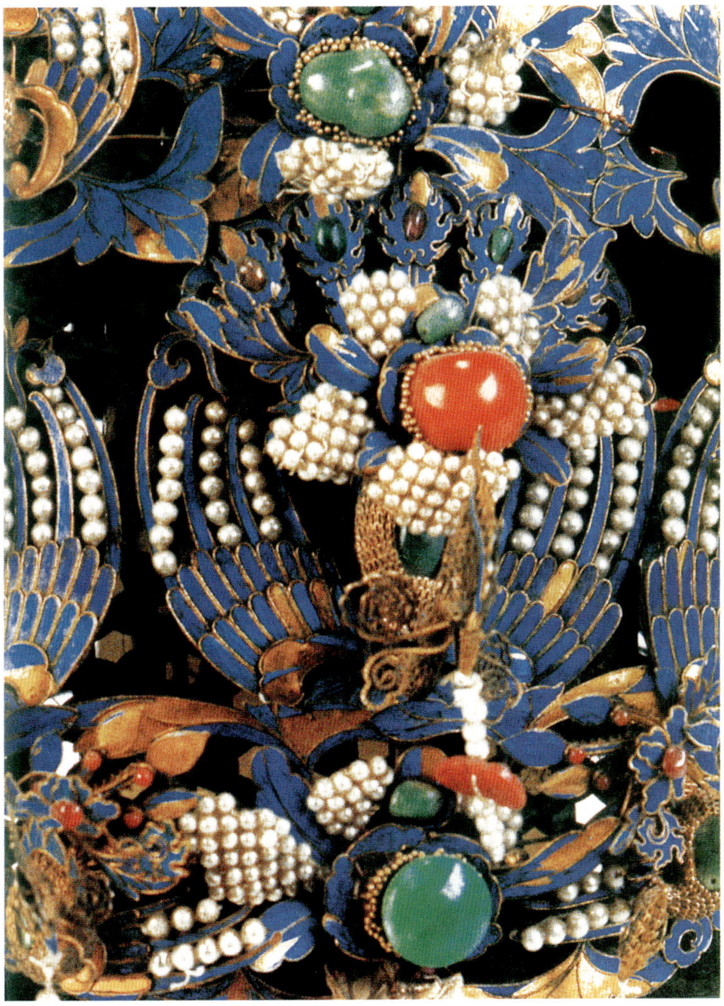

点翠凤冠

清
点翠、宝石
高15厘米　帽径18厘米
内蒙古自治区呼和浩特市征集

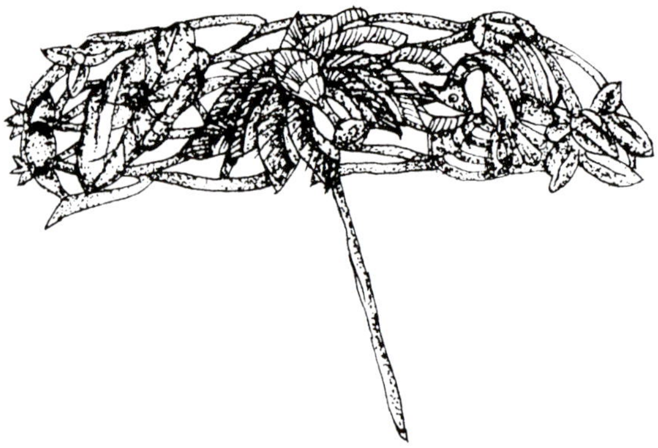

点翠花卉簪

清
纸浆、点翠
高 18 厘米　宽 12 厘米
原件征集于内蒙古自治区呼和浩特市

点翠花卉簪

清
纸浆、点翠
高 15 厘米　宽 12 厘米
原件征集于内蒙古自治区呼和浩特市

银柄珊瑚步摇簪

清
银、珊瑚
长 12 厘米
内蒙古自治区呼和浩特市征集

前

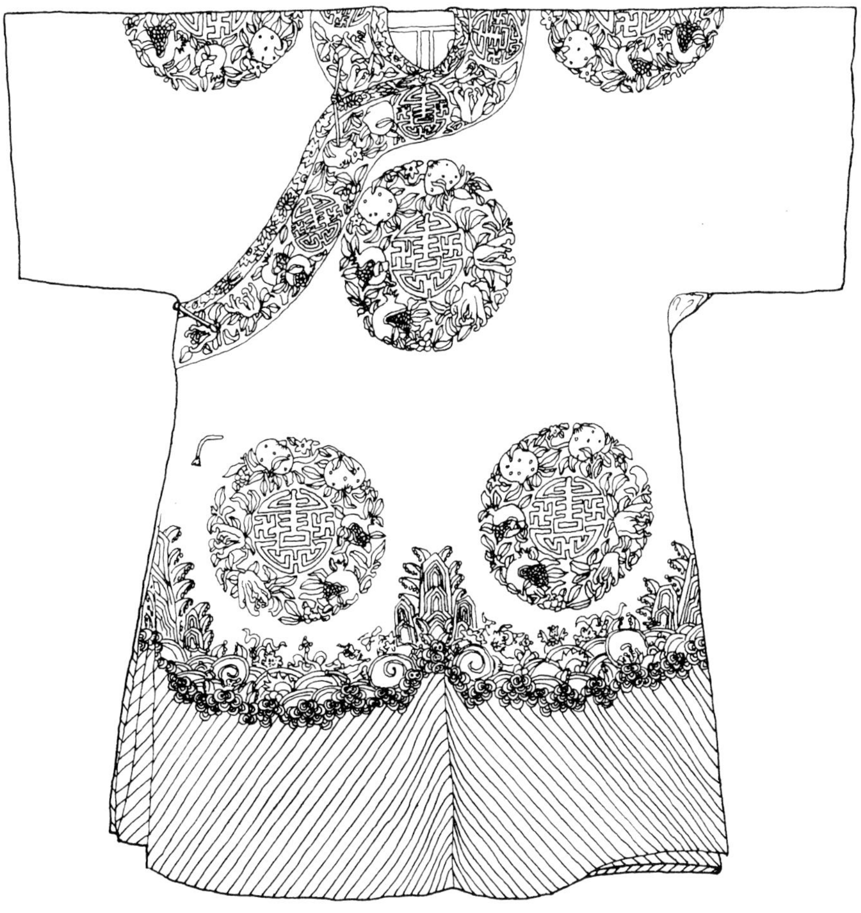

后

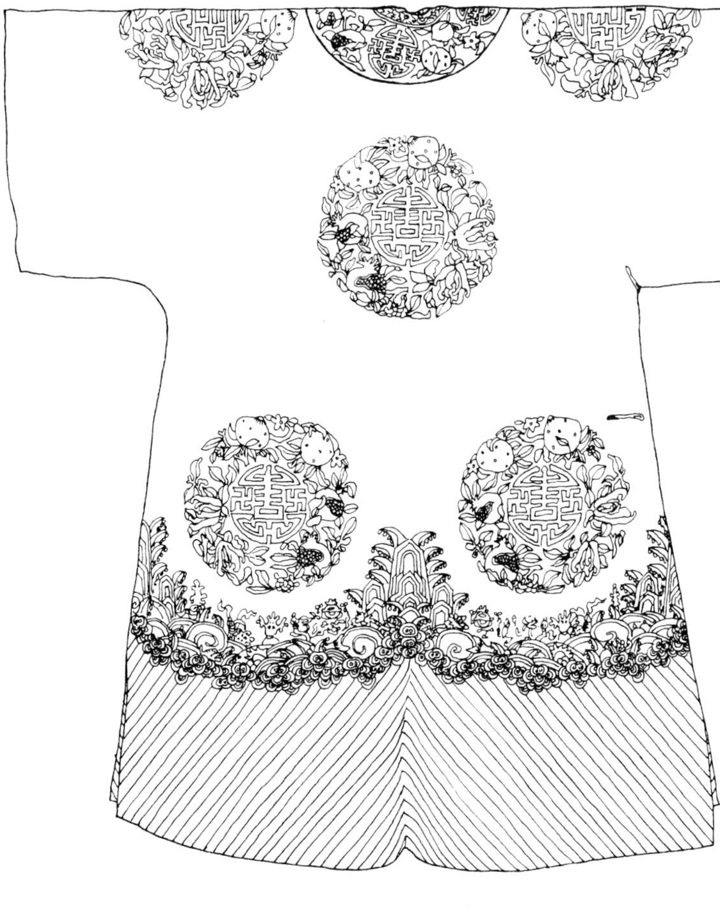

紫绸绣五彩多子多孙八团褂

清
绸
长134厘米　两袖通宽150厘米
原件征集于内蒙古自治区呼和浩特市

珍珠龙袍

清
珍珠、缎
身长140厘米　两袖通宽190厘米
内蒙古自治区赤峰市巴林右旗清荣宪公主墓出土

袍服为深黄色,袍服里衬白地暗花丝绸。圆领、马蹄形袖，袖头和领口均有黑蓝色丝绸边，并用金线织绣团龙图案，图案正中绣一“寿”字。周身用金丝线穿珍珠钉绣成龙八团。两肩及前胸、后背各一条龙，前后下摆各两条龙，两角竖起，四足腾空。下摆绣海水间有杂宝祥云。据《清史稿》卷一〇三《舆服志》规定，珍珠团龙袍,其形制和装缀与清代公主、亲王福晋服饰制度是相等的。

清初采取分而治之的政策，按满洲八旗制度将赤峰境内的蒙古八部分为十一旗，又在昭乌达盟南部建立卓索图盟，盟内两部五旗。两盟十六旗分别于天聪元年（1627 年）聪德三年（1639 年）归附清朝廷。

为了维护国家的统一，巩固中央集权统治，清朝廷对蒙古王公、贵族在很长一段时间内，主要采取“和亲”政策。从清太祖到清高宗（特别是康熙时期）的一百余年间，先后下嫁了七个公主到今赤峰地区。公主身亡后，都在当地修建公主陵，清朝廷对这些陵墓还派遣专人统一管理。今赤峰清代公主陵附近的所谓“十家子”村，实际就是清代公主的守陵户。

荣宪公主是清圣祖康熙第三女（志文作次女），康熙三十年（1691 年）19 岁时嫁与巴林郡王吴尔衮。在诸公主中，荣宪以“克诚克孝，竭力事亲”而倍受宠爱。厚其典礼，初封和硕荣宪公主，后进封固伦荣宪公主，在巴林草原生活了 37 个春秋，与蒙汉姐妹朝夕相处，友好交往。

珍珠龙袍局部图案

红罗地五彩绣蝴蝶花卉旗袍

清

罗纱

身长 144 厘米　两袖通宽 132 厘米

内蒙古自治区呼和浩特市征集

袍服立领、右衽、挽宽袖阔边、左右开裾，镶如意头为饰，通身织绣蝴蝶花卉。红罗又称网眼纱布，用纱罗织成的一种透孔织物，是透孔纱料中的极品。此件袍服做工精细，为清朝妃子、公主夏季穿着。

红罗地五彩绣蝴蝶花卉旗袍局部图案

红绸绣五彩八团袍服局部图案

红绸绣五彩八团袍服

清

绸、皮

身长145厘米　两袖通宽200厘米

内蒙古自治区乌兰察布市征集

马蹄袖

领口

紫布补绣云纹尖头靴

清
布、线
长36厘米　高38厘米
内蒙古自治区鄂尔多斯市征集

三　佩饰

耳环的质地多为金银、青铜，有些镶嵌宝石。耳环的造型比较简单，只要用一根金、银、铜丝弯制便成，将丝的一端磨尖，便于穿过耳垂上的小孔。据考古资料记载，发现的最早的耳环是河北省夏商文化遗址中的一枚耳环。辽及元代的耳环制作讲究、精美，造型多为人物、凤鸟及其他动物，质地多金银宝石。

耳环在清代基本上和前朝款式相同，只是在耳环下部坠一些饰物，因形得名，称耳坠。

银烧蓝玉耳环

清
玉、银
长5厘米　直径2.8厘米
内蒙古自治区呼和浩特市征集

点翠金耳坠

清
金、宝石
长5厘米　宽2.2厘米
内蒙古自治区呼和浩特市征集

银镶珊瑚耳坠

清
银、珊瑚
长5.5厘米　宽3.3厘米
内蒙古自治区阿拉善盟征集

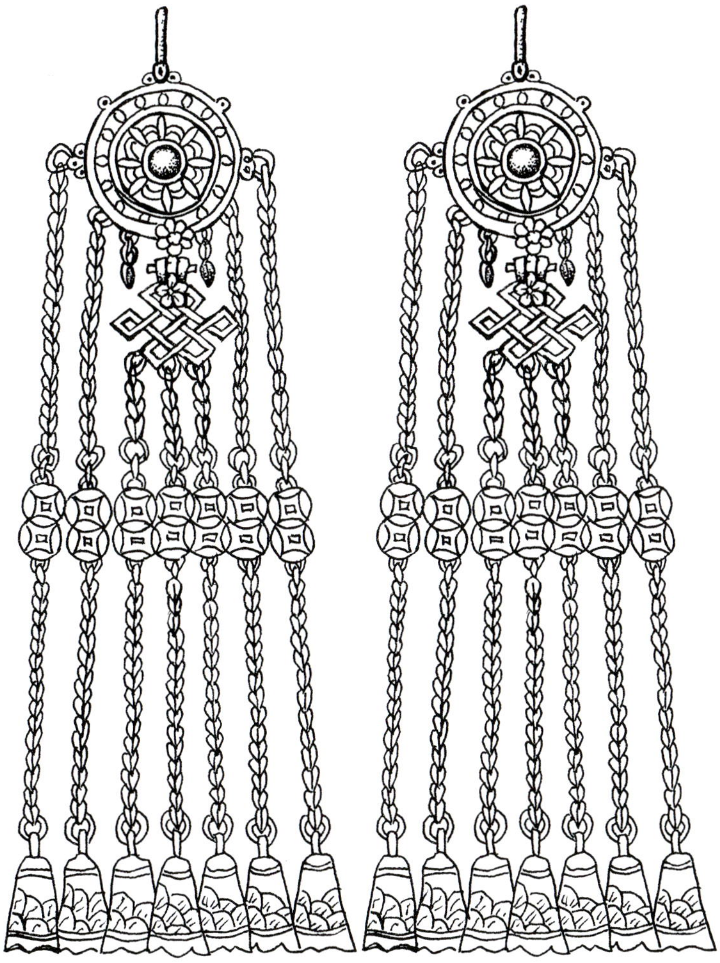

盘长钱纹银耳饰

清
银
通长15厘米　宽3.5厘米
原件征集于内蒙古自治区阿拉善盟

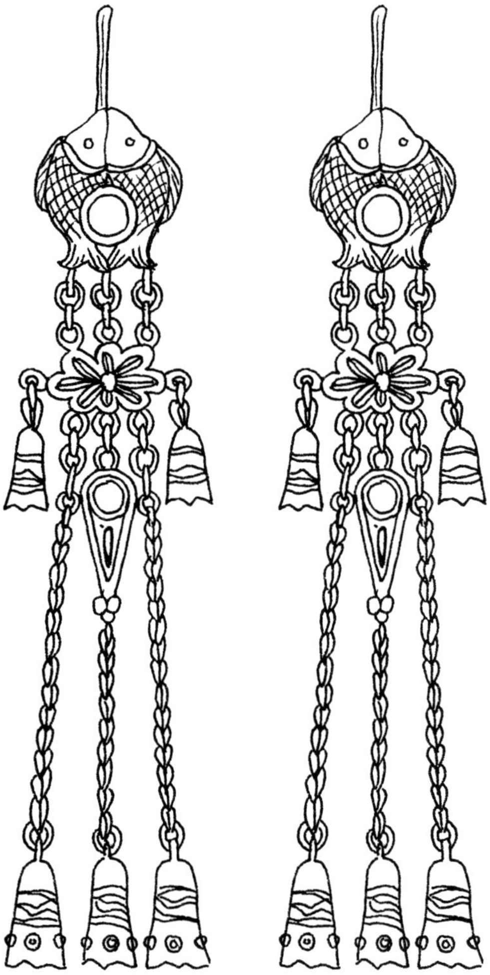

双鱼形银耳饰

清
银
通长12厘米 宽2.6厘米
原件征集于内蒙古自治区阿拉善盟

法轮形银耳饰

清
银
通长16厘米 宽3厘米
原件征集于内蒙古自治区阿拉善盟

珊瑚金耳环

清
金、珊瑚
直径2.8厘米
内蒙古自治区呼和浩特市征集

盘长形银耳饰

清
银
通长15厘米　宽3.2厘米
原件征集于内蒙古自治区阿拉善盟

戒指原称指环，又称驱环、约指、手记及代指，后为戒指。明都印《三余赘笔》记："今世俗用金银为环，置妇人指间，为戒指。"早在四千年前新石器时代，先民就已经使用上这种饰物。质地主要有骨、宝石、铜、铁、金、银；造型多为动物、植物、条形。戒指除装饰之外还用来避邪，还可充当婚姻的信物，象征着爱情、友谊、幸福。

翠指环

清
翠
直径2.1厘米
内蒙古自治区呼和浩特市征集

银镶珊瑚戒指

清
银、珊瑚
直径2.3厘米
内蒙古区自治区呼和浩特市征集

银鎏金嵌蚌戒指

清
银、蚌
直径2.5厘米
内蒙古自治区呼和浩特市征集

戒指一组

手镯，据考古资料可知，早在五千年前人们就开始佩戴这种饰物。手镯包括镯、钏。镯一般戴在手腕，钏通常戴在手臂上，两种不同饰物名称不同，形制及作用也不同。手镯的质地多为骨、石、金、银、铜、铁等；形制多为缺口圆环形、环形连珠状、龙首形、链状形。

银镶珊瑚手镯

清
银、珊瑚
直径8.5厘米　厚1厘米
内蒙古自治区锡林郭勒盟征集

银掐丝手镯

清
银
直径6厘米　宽3厘米
内蒙古自治区通辽市博物馆藏

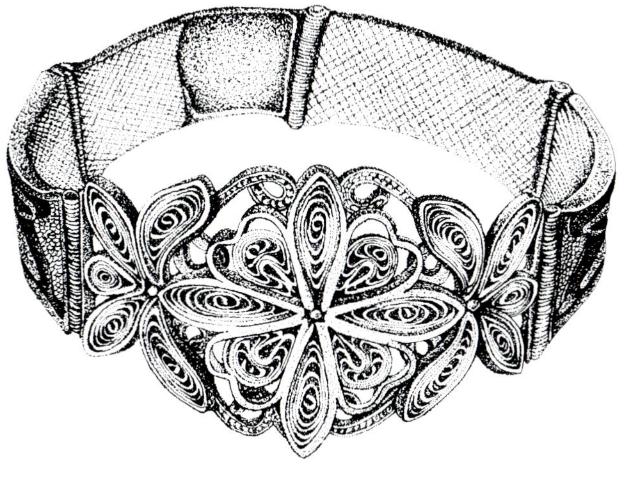

团寿纹银手镯

清

银

直径7.9厘米　厚1.3厘米

内蒙古自治区呼和浩特市征集

白玉龙纹手镯

清

玉、银

直径8.5厘米　厚1.3厘米

内蒙古自治区呼和浩特市征集

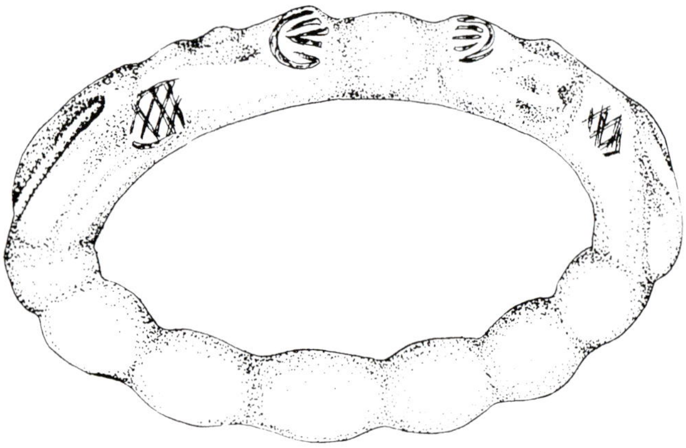

柳斗形玉镯

清

玉

直径7.5厘米　厚1.2厘米

原件征集于内蒙古自治区呼和浩特市

手镯一组

双龙纹金镯

清
金
直径7.5厘米　厚0.9厘米
内蒙古自治区呼和浩特市征集

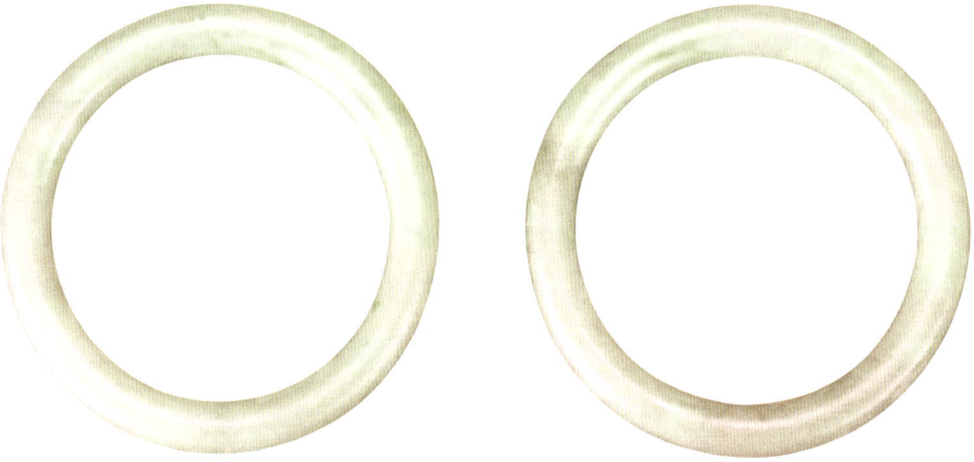

玉手镯

清
玉
直径8厘米　厚1厘米
内蒙古自治区呼和浩特市征集

绳纹玉镯

清
玉、银
直径7.8厘米　厚1厘米
内蒙古自治区呼和浩特市征集

翠珠手链

清
玉
直径7.8厘米
原件征集于内蒙古自治区通辽市

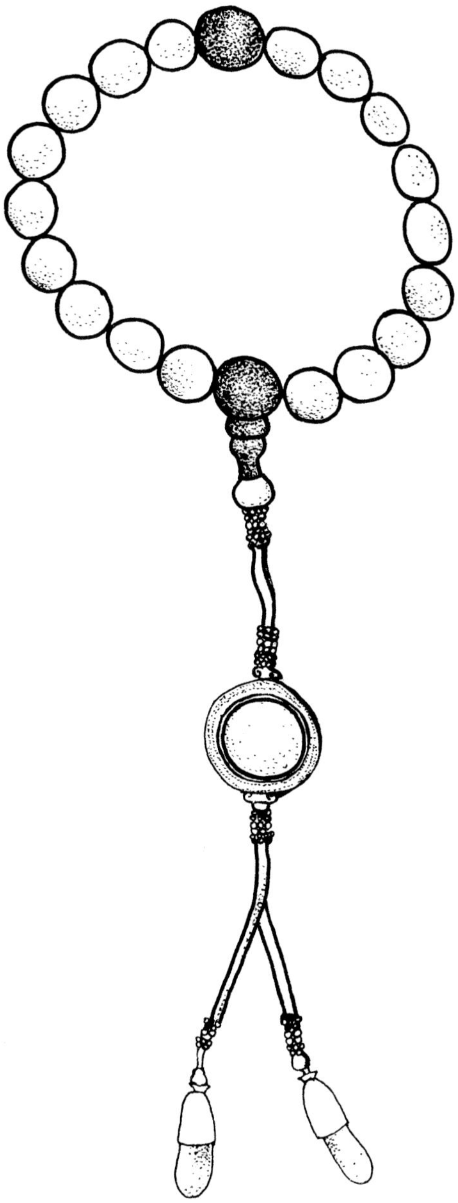

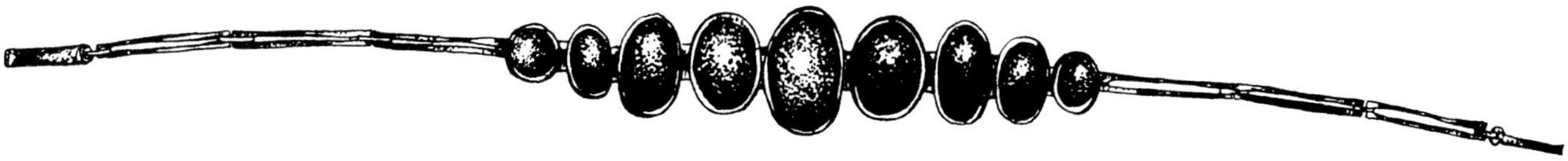

银镶红宝石手链

清
银、宝石
长20厘米
原件征集于内蒙古自治区通辽市

指套是用来保护指甲的。在一千多年前人们就已有留长指甲的现象，指甲长了，稍不留神，就容易折断，为了保护指甲，就出现了指套。制作指套的材料，最初用竹管、芦苇，后发展用金银宝石，其造型复杂，外表装饰更加考究。

网形金指套

清

金

长9厘米　直径1.6厘米

内蒙古自治区呼和浩特市清恪公主墓出土

银烧蓝叶形指套

清

银

长9.8厘米　直径1.6厘米

原件征集于内蒙古自治区呼和浩特市

银烧蓝梅花纹指套

清

银

长9.5厘米　直径1.4厘米

原件征集于内蒙古自治区呼和浩特市

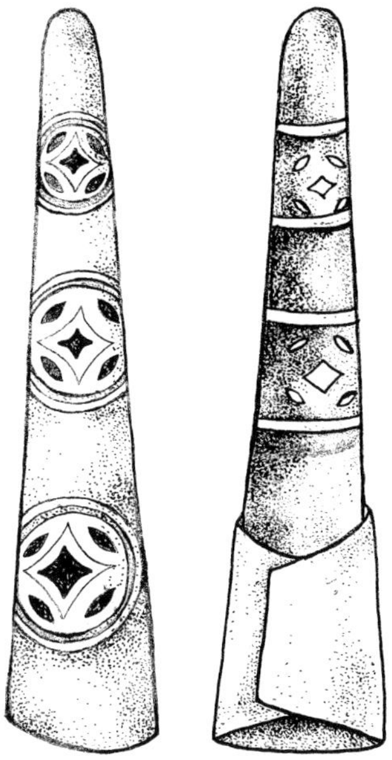

三钱纹铁指套

清

铁

长7.8厘米　直径1.5厘米

原件征集于内蒙古自治区呼和浩特市

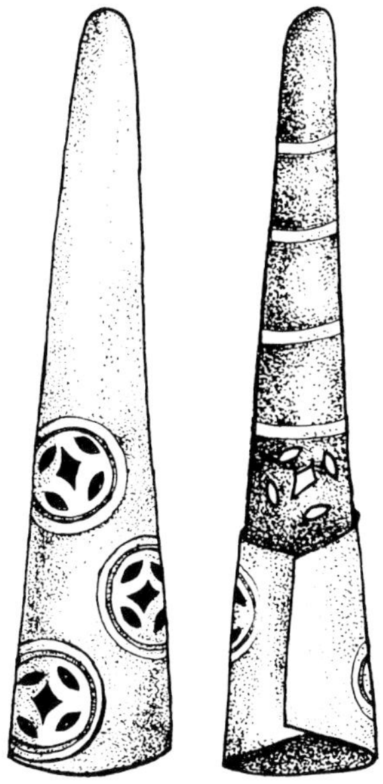

三钱纹铁指套

清

铁

长7.6厘米　直径1.2厘米

原件征集于内蒙古自治区呼和浩特市

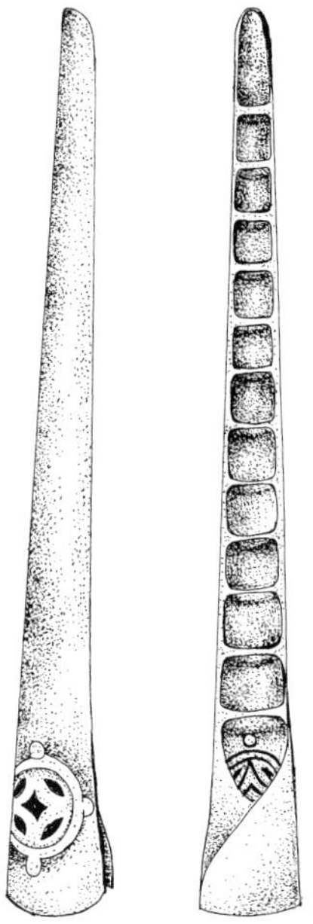

钱纹铁指套

清

铁

长8厘米　直径1.2厘米

原件征集于内蒙古自治区呼和浩特市

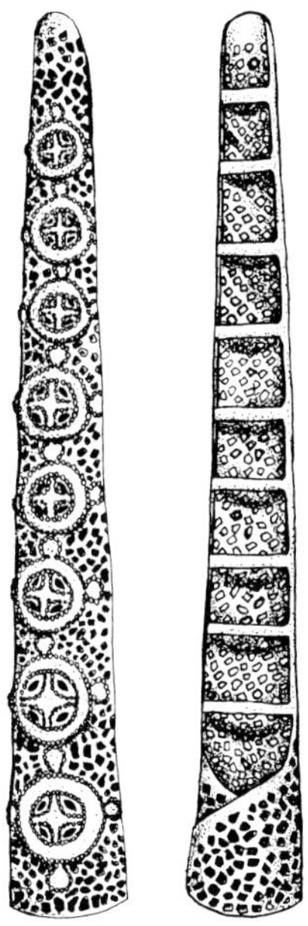

三钱纹金指套

清

金

长7.6厘米　直径1.2厘米

原件征集于内蒙古自治区呼和浩特市

据文献记载，早在战国时期，女子就以粉扑面，以黛描眉来妆扮自己。为了适应这种实际的需要，为方便女子梳妆打扮，盛放女子化妆用品以及首饰的器具也就随之产生，例如粉盒、镜奁、首饰盒等等。这些器物往往用料讲究，做工精细。清代，社会稳定，经济发展，人民生活富足，这类器物的材质也愈发多种多样，从木质、陶瓷到象牙、金属应有尽有，做工也更追求精细奢华，尤其是官造的，不仅是生活实用品，也是反映当时社会审美情趣和社会风尚的精美的艺术品。

蒙古族的首饰盒多用牙、骨、蚌及金银等制成，工艺有牙雕、骨雕等并镶嵌各种有民族特色的吉祥图案及文字，如“鱼龙变化”、“三羊开泰”等图案。这些精工细做的艺术品，小巧可爱，金银宝石首饰放置其中，便于携带和储藏。

侧面

花卉纹金首饰盒

明
金
高9.3厘米　宽16厘米
内蒙古自治区赤峰市巴林右旗出土

红木人物首饰盒

清
木
长38厘米　宽18厘米
内蒙古自治区呼和特市征集

海棠形漆器首饰盒

清
漆器
直径14厘米　高3.5厘米
内蒙古自治区呼和特市征集

嵌螺钿九龙纹檀木梳妆盒

清
木、蚌
长21.3厘米　宽13.2厘米
内蒙古大学民族博物馆藏

朝珠是清代官吏行礼所佩的一种饰物。《大清会典》规定："凡朝珠，王公以下，文识五品、武识四品以上及翰詹，科道、侍卫公主，福晋以下，五品官命妇以上均得用。"妇女佩朝珠与男子佩朝珠有所不同，其区别主要看朝珠的纪念指旁边的小珠串，两小串在左边为男，两串在右边为女，挂在领项间，垂于胸前。108颗圆珠串成，应是受佛教的数珠影响，依官品级别高低，其质地也各不相同。

镂空僧侣朝珠

清

木

通长85厘米

内蒙古自治区呼和浩特市征集

局部

象牙镂雕朝珠

清
象牙
通长121厘米
内蒙古自治区乌兰察布市征集

局部

古代女子的装饰有颈饰、胸饰、挂饰、瓔珞等装饰。瓔珞是成年妇女的饰品，也作花蔓，它是佛像颈部的一种装饰，产生在印度。佛教传入中国后，这种装饰首先反映在佛像上，随后出现在日常生活中，成为妇女的装饰品。

《南史·村邑国传》载："其王者着法服，加瓔珞，如佛像之饰。"所谓瓔珞，实际上是融合项链、胸饰等为一体的饰物。如珊瑚珠瓔珞项饰，中间为圆形，四周垂散着许多珠玉宝石，装饰在人体的正胸部位，给人以晶莹华贵的感觉。

银镶嵌宝石项饰

银镶嵌宝石胸饰

局部

银鎏金镶宝石胸饰

清

银、宝石

通长62厘米　宽28厘米

内蒙古自治区锡林郭勒盟征集

银镶嵌珊瑚胸饰

银镶嵌宝石云纹胸饰

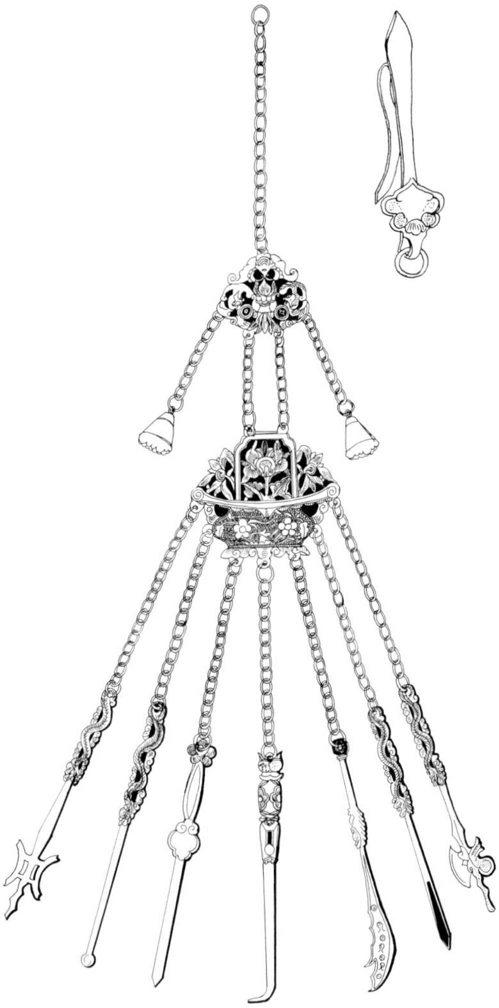

银七饰

清
银
长23厘米
原件征集于内蒙古自治区通辽市

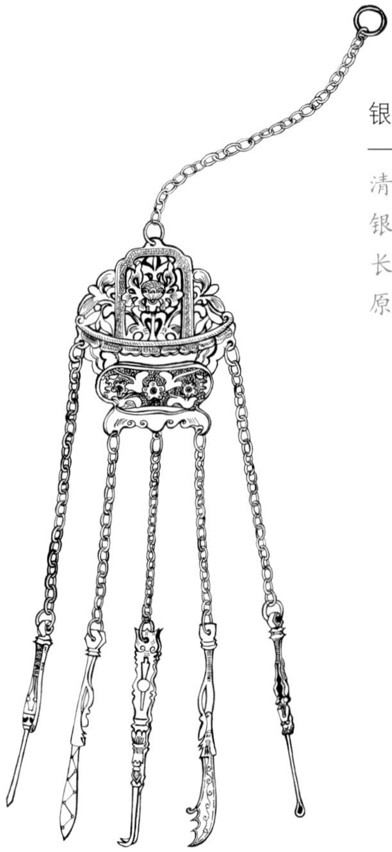

银五饰

清
银
长21厘米
原件征集于内蒙古自治区通辽市

银三饰

清
银
长19厘米
原件征集于内蒙古自治区通辽市

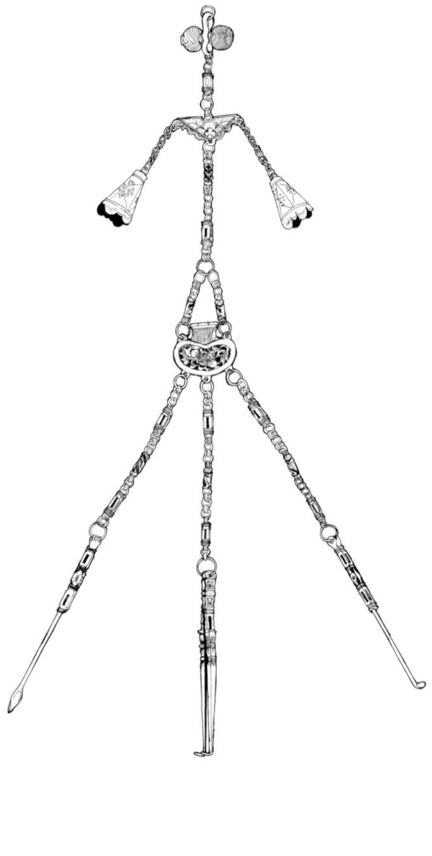

法轮系银挂饰

清
银
通长80厘米
内蒙古自治区呼伦贝尔市征集

蒙古刀是游牧民族不可缺少的生活用具之一,“跨下有骏马,腰间佩快刀”。骏马与蒙古刀是蒙古族男子必备的两件爱物。蒙古刀延续并记载着蒙古人的勇敢、智慧的历史。蒙古刀的装饰有错金、镂空、镶嵌等工艺。刀以优质钢打制,刀刃锋利,不但用以防身,还是饮食、狩猎的工具,又是表现蒙古族男子英武刚强的饰物,因而行不离身,坐不离手,是男子随身佩带之物。

在清朝服饰中有一类起源甚早、含义特殊的饰物——荷包,尤其是火镰荷包,清朝男性官服中都配有。今日所称的火镰盒也就是过去的火镰包。火镰是官员的佩饰,通常也用于野外取火。

镶宝石玉柄蒙古刀

清
木、皮、宝石
通长38.6厘米　鞘口径3厘米
内蒙古自治区赤峰市征集

图海是男子别在腰带上挂蒙古刀和火镰用的系带。它的样式各地不同，一般是近二尺长的银链子固定在绸缎的腰带上，图海上有层层叠叠的银花和镶嵌的大小红珊瑚。图海很重，做图海的银子足能打制两件银碗。

银錾花图海

银镶珊瑚吉祥纹蒙古刀及火镰

清
木、皮、宝石
通长57厘米　鞘口径4.3厘米
内蒙古自治区呼和浩特市征集

银鎏金镶宝石龙纹蒙古刀及火镰

清
银、皮、宝石
通长38.2厘米　鞘口径4.2厘米
内蒙古自治区锡林郭勒盟征集

银鎏金镶宝石图海

银鎏金龙纹蒙古刀鞘——局部

银鎏金镶珊瑚火镰

银鎏金镶珊瑚挂饰扣

青玉柄蒙古刀

清
木、皮、宝石
通长25.3厘米　鞘口径2厘米
原件征集于内蒙古自治区锡林郭勒盟

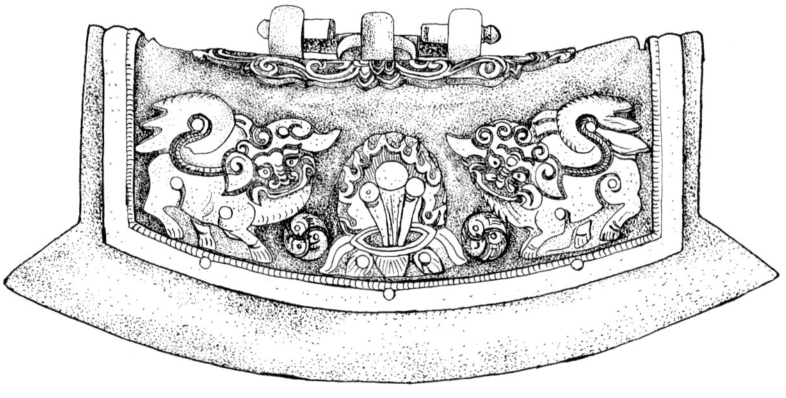

双狮纹火镰正面

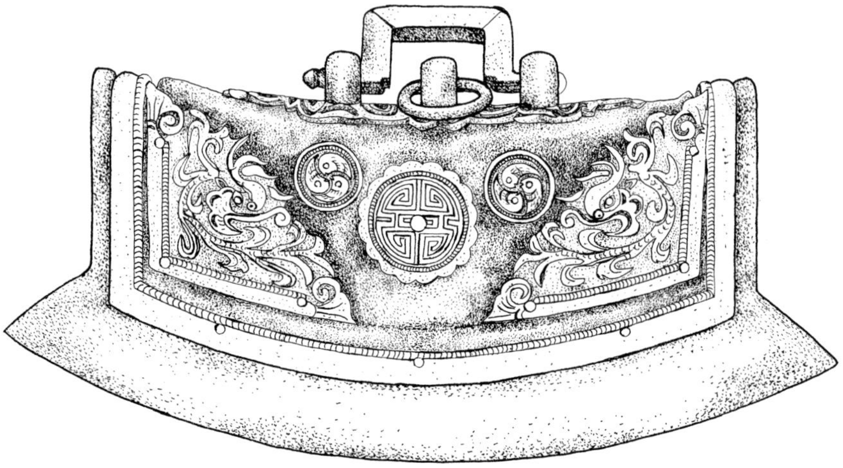

团寿纹火镰背面

坤式蒙古刀

清
木、皮、宝石
通长26.6厘米　鞘口径2厘米
内蒙古自治区锡林郭勒盟征集

古人对玉佩十分重视，是带饰上的主要装饰品之一。古人将这些腰饰分成两类：凡无实用价值，只是用于装饰的，称德佩或称玉佩；具有实用价值的，称为事佩。

玉佩一词最早出现在《诗经》，在《秦风渭阳》中有："何从赠之，琼瑰玉佩"。这种玉佩是古代贵族礼服上必不可少的一种装饰。

玉佩的款式有几十种之多，大多雕刻成各种鱼虫、鸟兽等吉祥纹饰，玉器上一般有孔，以便穿绳系佩。

翠螭龙纹带扣

清
翠
通长10厘米　宽3厘米
内蒙古自治区呼和浩特市征集

青玉螭龙纹带扣

清
玉
通长15厘米　宽5厘米
原件征集于内蒙古自治区呼和浩特市

铜镶翠带扣

清
铜、翠
通长10厘米　宽3.3厘米
内蒙古自治区呼和浩特市征集

牡丹花白玉带扣

清

玉

通长17厘米、宽5厘米

原件征集于内蒙古自治区呼和浩特市

铜镶玉双童纹带扣

清

铜、玉

通长13.4厘米　宽4.5厘米

内蒙古自治区锡林郭勒盟征集

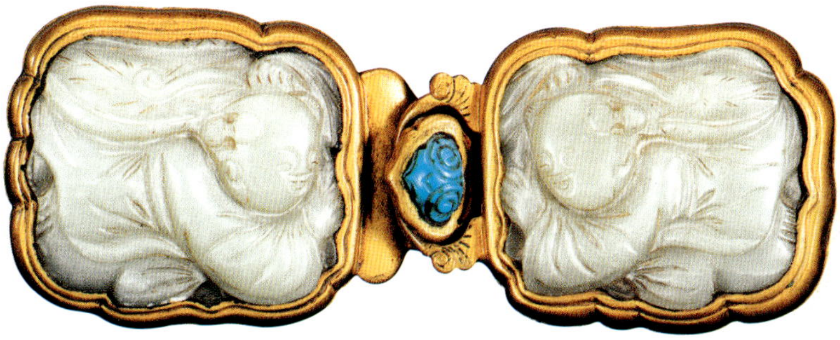

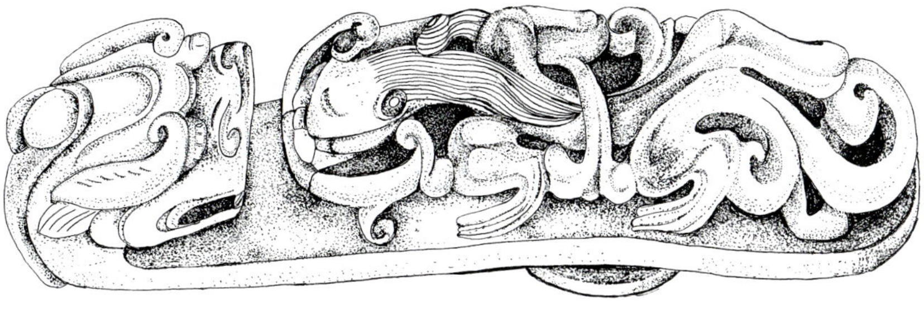

青玉镂雕螭龙纹带钩

清

玉

通长13厘米　宽3厘米

原件征集于内蒙古自治区呼和浩特市

透雕玉兔仙人玉佩

清

玉

直径5.5厘米　厚0.4厘米

内蒙古自治区呼和浩特市征集

透雕蝶恋花玉佩

清

玉

直径6厘米　厚0.5厘米

内蒙古自治区呼和浩特市征集

透雕鸯竹纹玉佩

清

玉

直径5.8厘米　厚0.3厘米

内蒙古自治区呼和浩特市征集

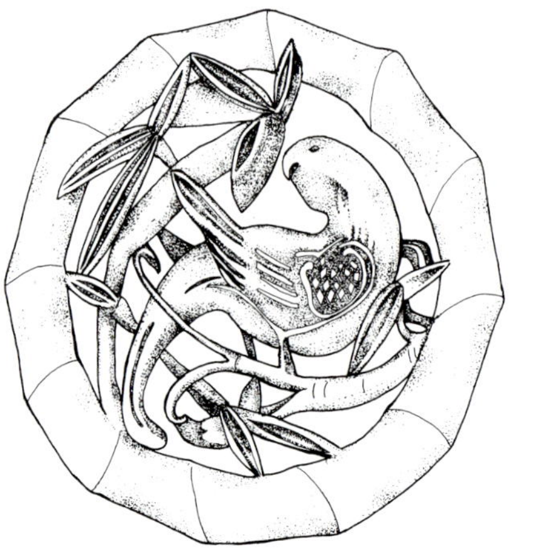

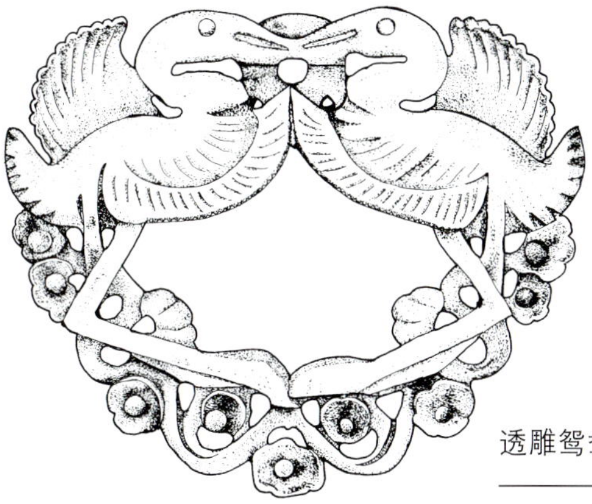

透雕鸳鸯纹玉佩

清

玉

长7厘米　厚0.5厘米

内蒙古自治区通辽市博物馆藏

透雕双喜玉佩

清

玉

直径5.3厘米　厚0.5厘米

内蒙古自治区呼和浩特市征集

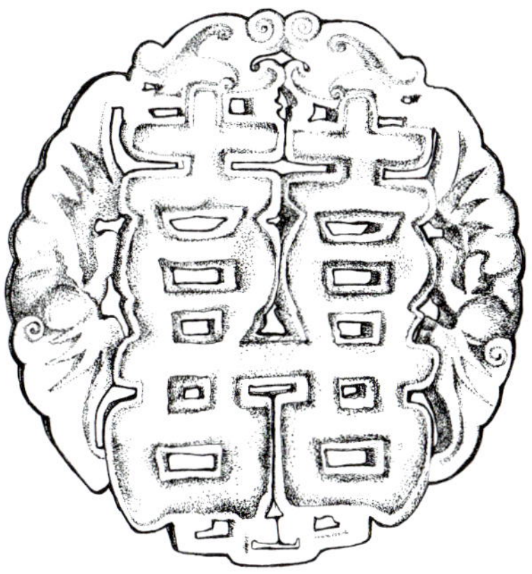

透雕福喜玉佩

清

玉

长7厘米　宽5厘米

内蒙古自治区呼和浩特市征集

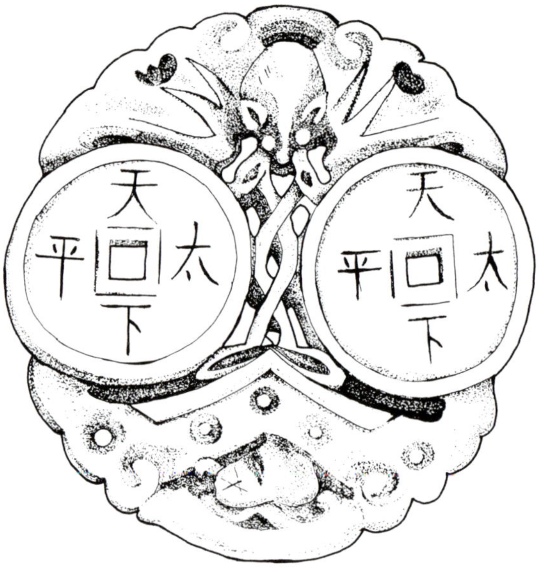

"天下太平"玉佩

清

玉

直径8厘米

内蒙古自治区呼和浩特市征集

透雕"福"字青玉佩

清

玉

直径5.8厘米　厚0.6厘米

内蒙古自治区呼和浩特市征集

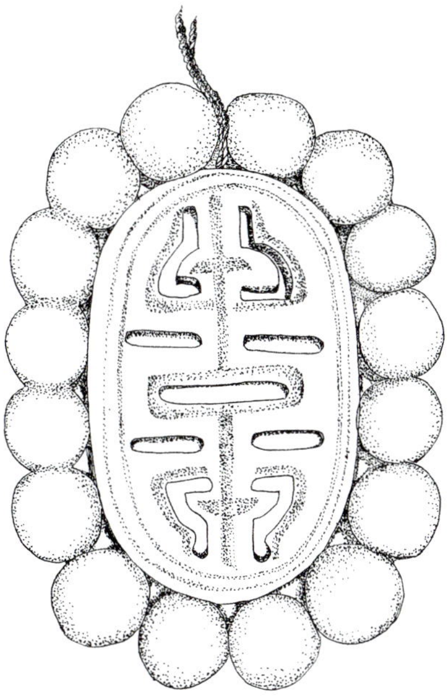

透雕珠串“寿”字玉佩（左）

清

玉

直径6.5厘米　厚0.6厘米

原件征集于内蒙古自治区呼和浩特市

透雕龙纹青玉佩（右）

清

玉

直径6厘米　厚0.5厘米

原件征集于内蒙古自治区呼和浩特市

透雕白玉绳纹玉佩

清

玉

直径5.6厘米　厚0.5厘米

内蒙古自治区呼和浩特市征集

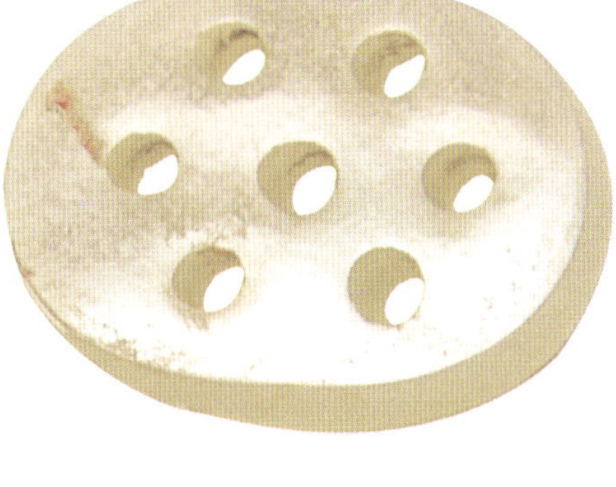

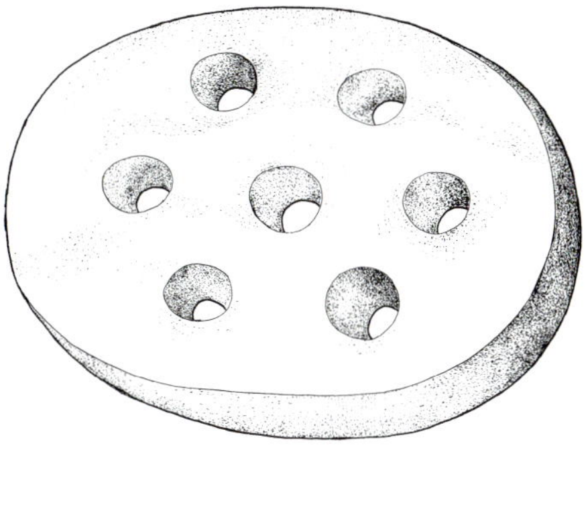

透雕七星青玉佩

清

玉

直径6厘米　厚0.6厘米

内蒙古自治区呼和浩特市征集

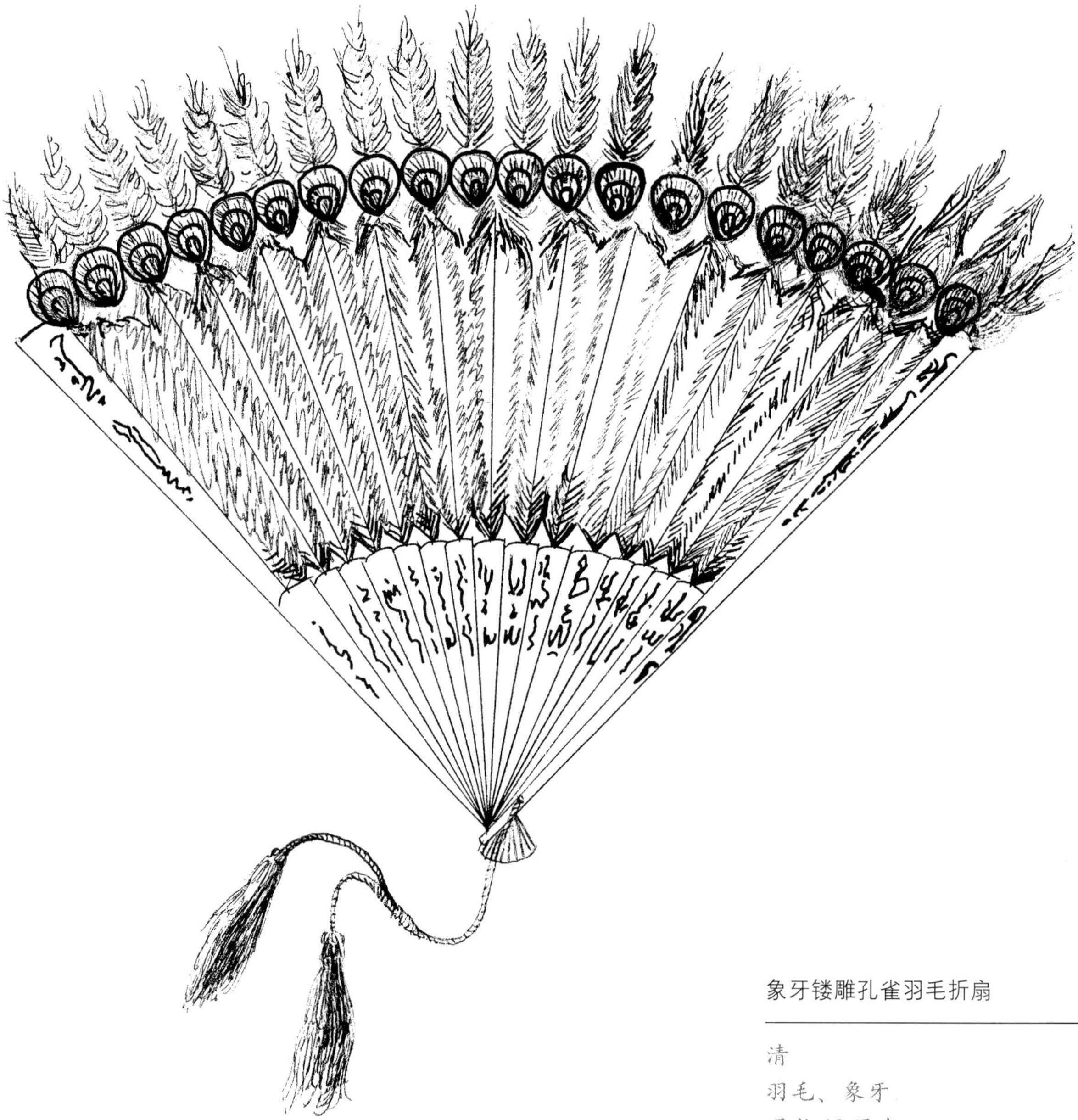

象牙镂雕孔雀羽毛折扇

清

羽毛、象牙

通长48厘米

原件征集于内蒙古自治区阿拉善盟

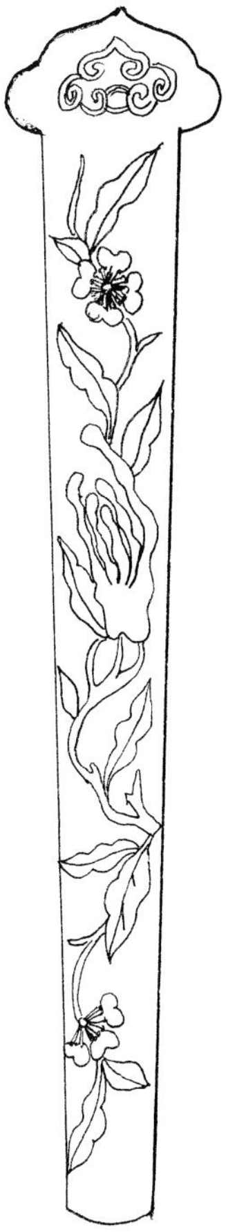

佛手花卉纹扇套

清
缎
长43厘米　口宽7厘米
原件征集于内蒙古自治区阿拉善盟

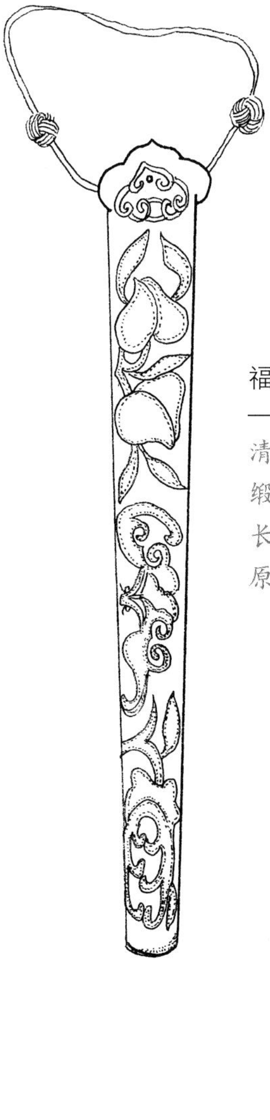

福寿纹扇套

清
缎
长47厘米　口宽7厘米
原件征集于内蒙古自治区呼和浩特市

“福禄寿喜”扇套

清
缎
长42厘米　口宽6.5厘米
原件征集于内蒙古自治区呼和浩特市

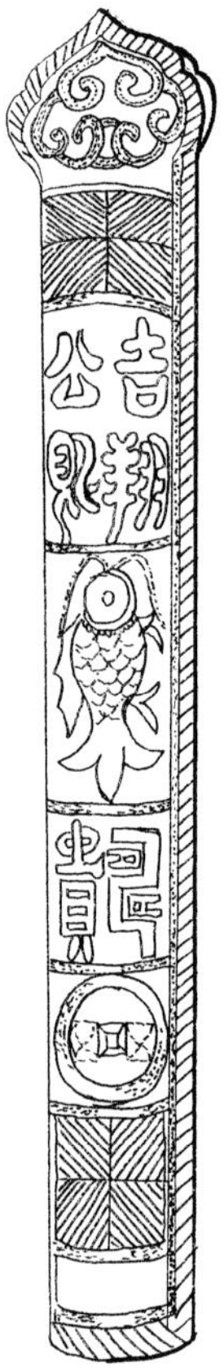

“吉祥公则”扇套

清
罗纱
长40厘米　口宽6.8厘米
原件征集于内蒙古自治区阿拉善盟

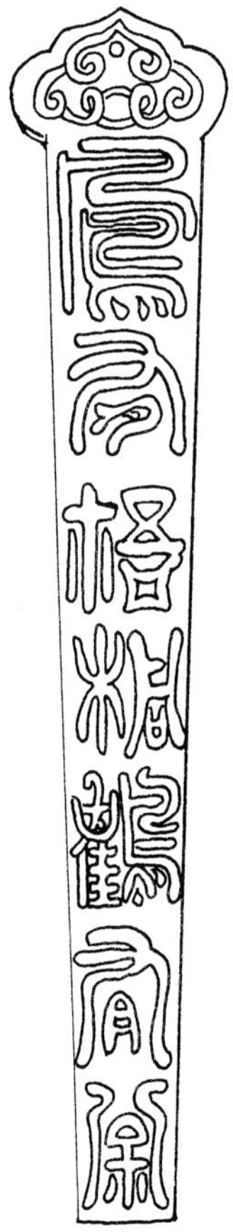

“凤有梧桐鹤有巢”扇套

清
缎
长42厘米　口宽6.5厘米
原件征集于内蒙古自治区阿拉善盟

莲花纹扇套

清
缎
长39厘米　口宽7.3厘米
原件征集于内蒙古自治区阿拉善盟

扇套一组

荷包是一种腰部的装饰品，前身为荷囊，是用于盛放零星东西的小袋子。因古人的衣服没有口袋，一些必须随身带的物品（如手巾、印章及钱等），只能放在这种袋里。荷包又称襻囊，材料多为皮革，最早发现的襻囊是春秋战国时期的遗物。至于荷包这一名称，则出现在宋代以后，在元及明清小说中，常提及荷包。清代荷包传世甚多，通常以丝织物制成。造型上小下大，中有收腰，形似葫芦，称葫芦形荷包。这种荷包最早是男的用来装烟用，后来因其造型美观争相效仿，不论男女都在佩戴。

香囊也是一种以绸缎做成的小袋，因是用来放香料的，故名香囊，有时也称香袋。佩挂香囊的风俗，可溯到先秦时期。《礼记内则》记：“男女未冠笄者，有的挂在帐内，有的佩在身边。” 空囊也被用来作为相互赠送的礼物，或作为象征吉祥的装饰，或用来盛装珠宝。香囊也称为荷包。

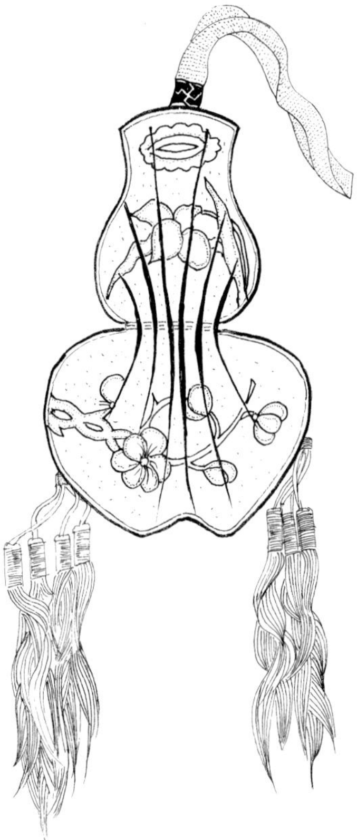

紫缎梅花纹香囊

清
缎
通长 38 厘米　宽 8 厘米
原件征集于内蒙古自治区呼和浩特市

葫芦形香囊

清
缎
通长 15 厘米　宽 8 厘米
原件征集于内蒙古自治区呼和浩特市

元宝形梅花纹香囊

清
缎
通长 36 厘米　宽 8 厘米
内蒙古自治区呼和浩特市征集

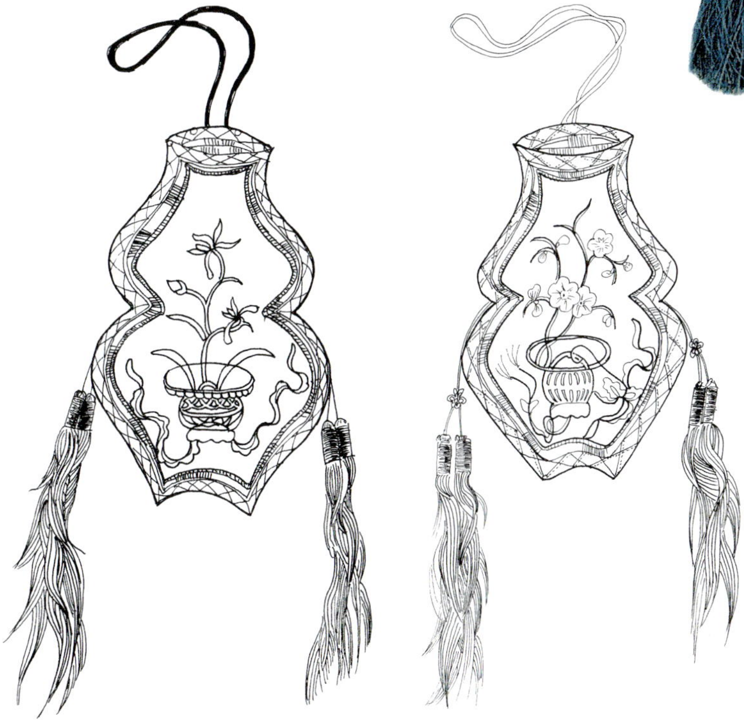

葫芦形香囊

清
缎
通长 38 厘米　宽 8 厘米
原件征集于内蒙古自治区呼和浩特市

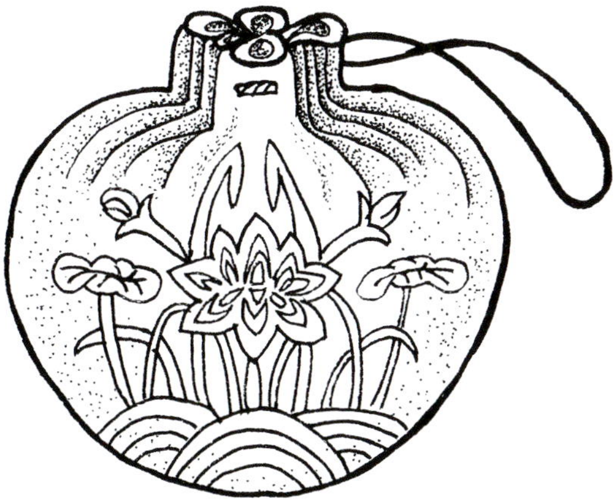

黄缎元宝形香囊

清
缎
高 8.5 厘米　宽 7.5 厘米
原件征集于内蒙古自治区呼和浩特市

黄缎绣福禄寿纹香囊

清

缎

高8.3厘米　宽7.7厘米

内蒙古自治区通辽市征集

黑绒绣花卉香囊

清
绒
高9.8厘米　宽8.3厘米
内蒙古自治区临河市征集

红缎蝉形香囊

清
缎
高10厘米　宽7厘米
内蒙古自治区呼和浩特市征集

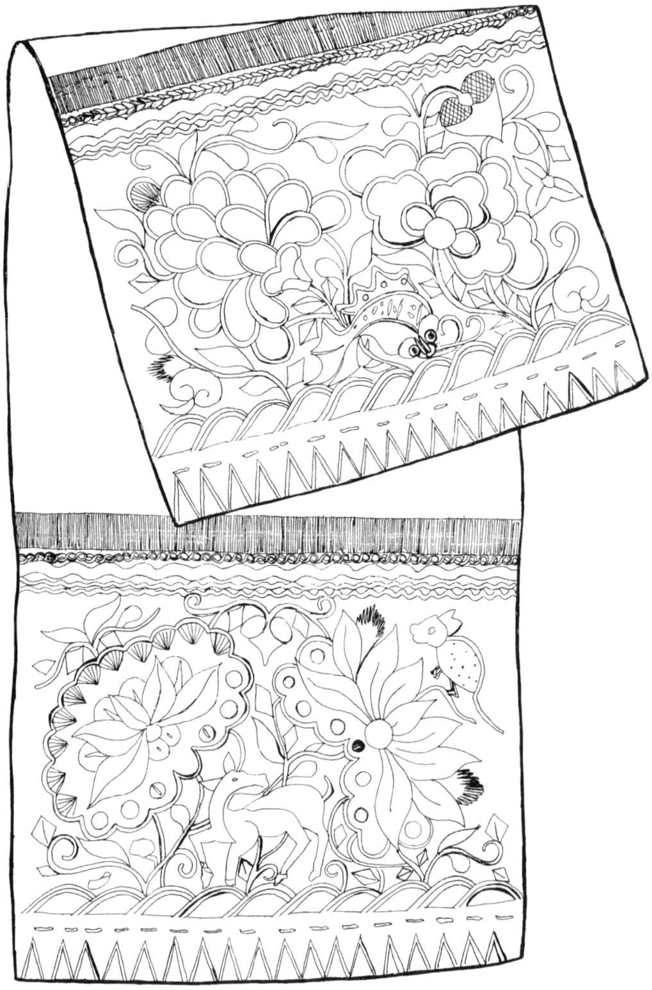

莲花鹿纹褡裢

清

缎

长46.5厘米　宽16.8厘米

原件征集于内蒙古自治区呼伦贝尔市

香牛皮方胜纹褡裢

清

皮

长32.5厘米　宽14厘米

原件征集于内蒙古自治区锡林郭勒盟

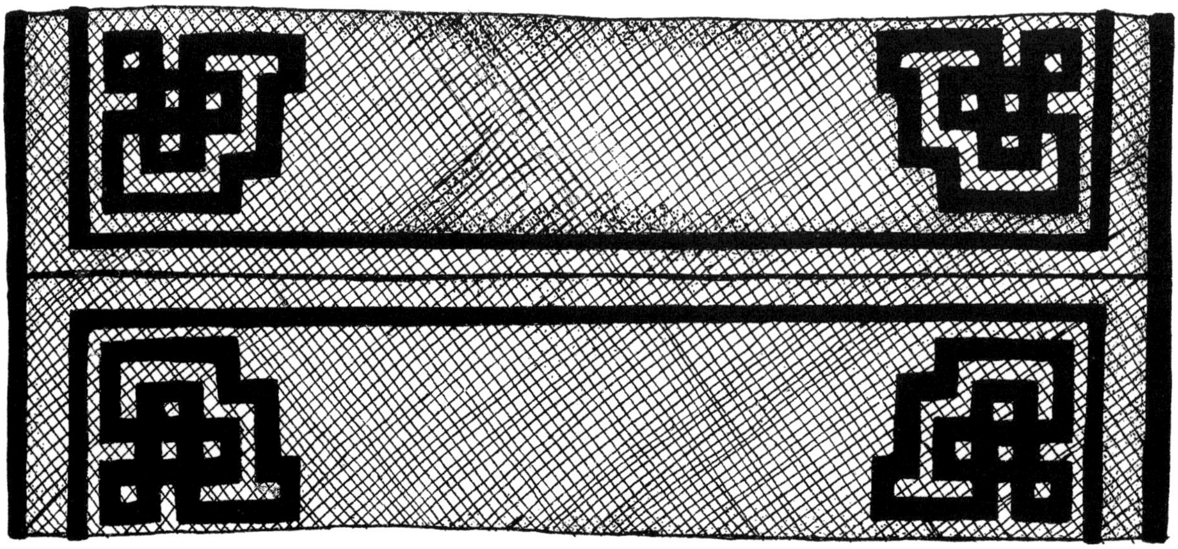

黑缎蝶轮纹褡裢

清
缎
长 42 厘米　宽 15 厘米
原件征集于内蒙古自治区锡林郭勒盟

蓝缎补绣龙纹花卉褡裢

民国
缎
长 36 厘米　宽 14.5 厘米
内蒙古自治区通辽市征集

黑缎补绣牡丹纹香盒

清
缎
通长 45 厘米　直径 4 厘米
内蒙古自治区呼和浩特市征集

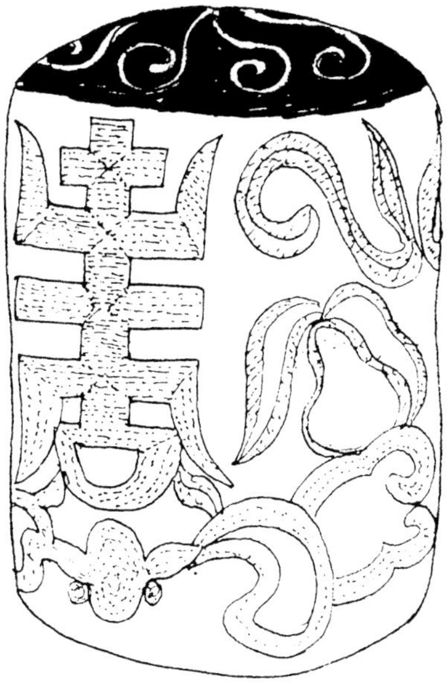

红缎绣寿字纹香盒

清
缎
长8厘米　直径3厘米
原件征集于内蒙古自治区
呼和浩特市

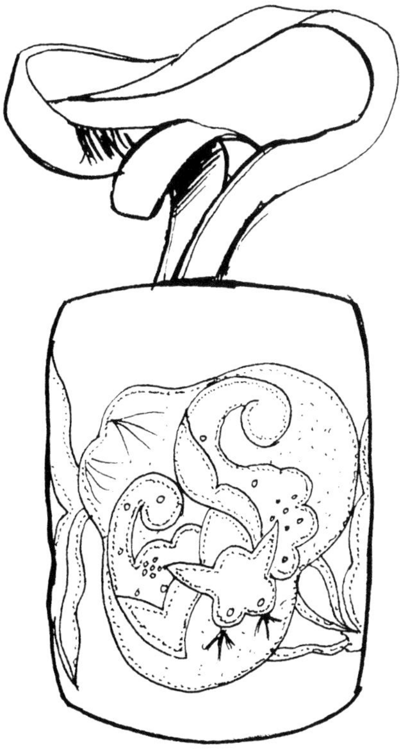

福寿纹香盒

清
缎
长5厘米　直径3厘米
原件征集于内蒙古自治区
呼和浩特市

宝杵纹金香盒

元
金
直径6.5厘米　厚1.8厘米
原件出土于内蒙古自治区敖汉旗
敖音勿苏乡朝阳沟墓

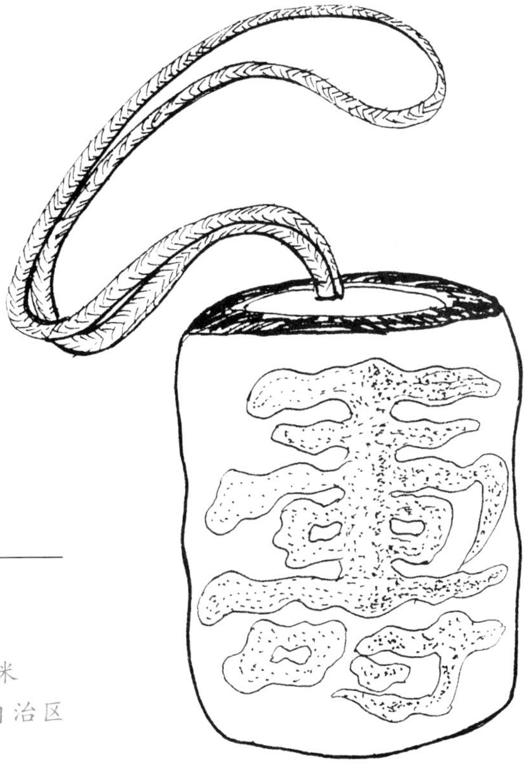

金线钉绣寿字纹香盒

清
缎
长8厘米　直径3厘米
原件征集于内蒙古自治区
呼和浩特市

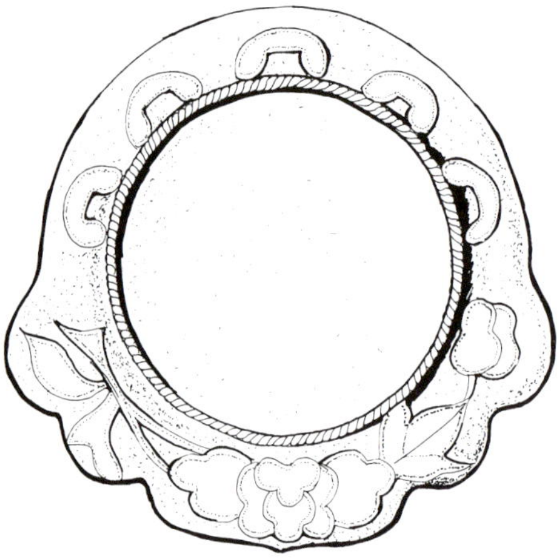

花卉纹镜盒

清
缎
高5.8厘米　宽6.3厘米
原件征集于内蒙古自治区临河市

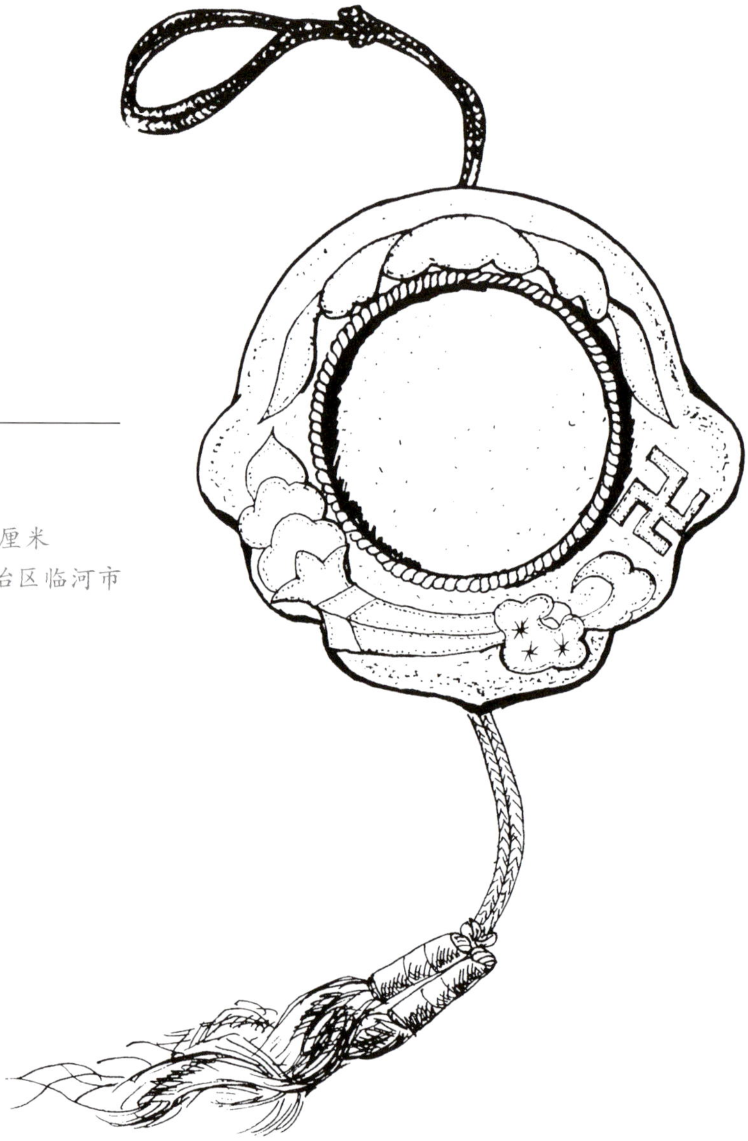

红缎万字纹镜盒

清
缎
通长15厘米　宽6.3厘米
原件征集于内蒙古自治区临河市

红缎花卉纹镜盒

清
缎
通长8厘米　宽6厘米
内蒙古自治区临河市征集

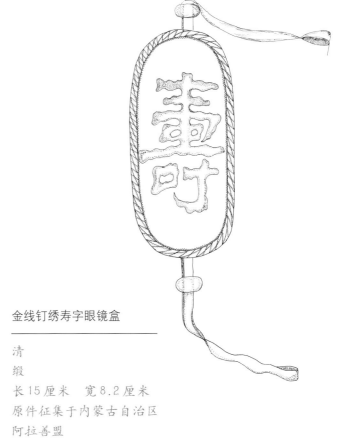

黑缎绣寿字纹镜盒

清
缎
通长36厘米　宽8厘米
原件征集于内蒙古自治区
阿拉善盟

金线钉绣寿字眼镜盒

清
缎
长15厘米　宽8.2厘米
原件征集于内蒙古自治区
阿拉善盟

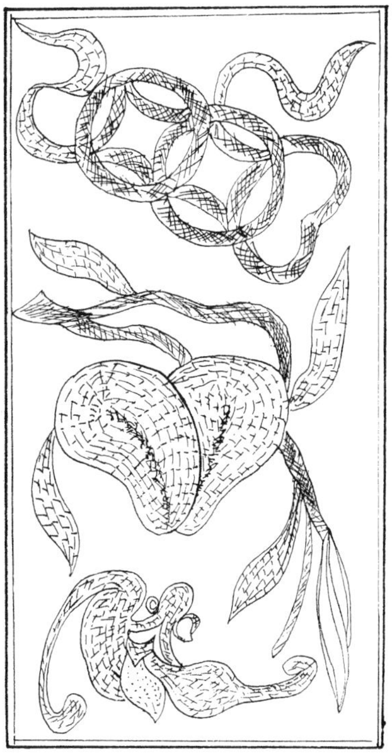

红缎钉绣“福在眼钱”镜盒

清
缎
长12厘米　宽6厘米
原件征集于内蒙古自治区
赤峰市

织锦缎蝠寿纹眼镜盒

清
缎
长15厘米　宽5厘米
原件征集于内蒙古自治区
阿拉善盟

红缎绣禄蝠纹眼镜盒

清

缎

通长 30 厘米　宽 6 厘米

内蒙古自治区阿拉善盟征集

蝠寿纹镜盒

清
缎、织锦
长28厘米　宽5.8厘米
内蒙古自治区阿拉善盟征集

红缎花卉纹针包

民国

缎

长10厘米　宽6厘米

原件征集于内蒙古自治区临河市

蝙蝠纹针包

民国

缎

长8厘米　宽4厘米

内蒙古自治区临河市征集

白缎绣佛手如意形针扎

民国
缎
长 18 厘米　宽 4.5 厘米
原件征集于内蒙古自治区鄂尔多斯市

毛毡凤形针扎

民国
毛毡
长 10 厘米　宽 6 厘米
原件征集于内蒙古自治区鄂尔多斯市

白缎花卉纹针包

民国
缎
长 6 厘米　宽 10 厘米
原件征集于内蒙古自治区临河市

鼻烟壶是装鼻烟的小瓶子，造型多为细颈、溜肩、大底、扁圆形。它是行礼的必备之物。有玛瑙、水晶、银、玉、石、瓷、骨等多种质地，鼻烟壶盖托通常用银，上镶嵌珊瑚或松石半圆珠。鼻烟壶盖上自带一个挖耳勺大小的勺子，可以伸进鼻烟壶颈部的细孔里，从里面挖出鼻烟，放在大拇指甲上，凑到鼻孔上吸。蒙古人见面交换鼻烟壶，并不是让对方吸自己的鼻烟，而是蒙古族见面礼节的一部分。两人见面后，各掏出自己的哈达和鼻烟壶，将哈达折叠出双面，架在自己的手腕上面朝对方，右手拿着鼻烟壶。把哈达搭在对方的手腕上，再用右手把鼻烟壶递过去，对方用左手把鼻烟壶接住，放于右手上，在手心里旋转一圈以后，又递回对方的左手里，哈达再搭到对方的手腕上，这样各自又把自己的鼻烟壶和哈达换了回来。褡裢是装鼻烟壶的袋子，两面开口，一面装鼻烟壶，一面装哈达，戴在左襟的腰带上。一般用各色缎子做成，上绣各种边饰和吉祥纹。佩戴时上下错开，以便让两边的图案都显露出来。姑娘把褡裢往往视为情物，送给心上人。

老者在吸鼻烟

角质鼻烟壶及烟壶袋

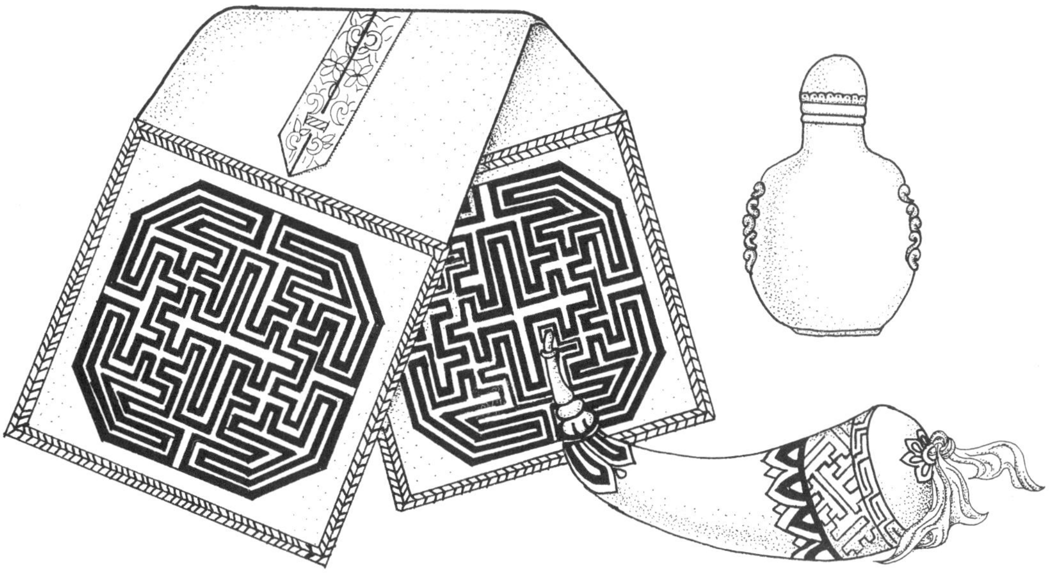

局部

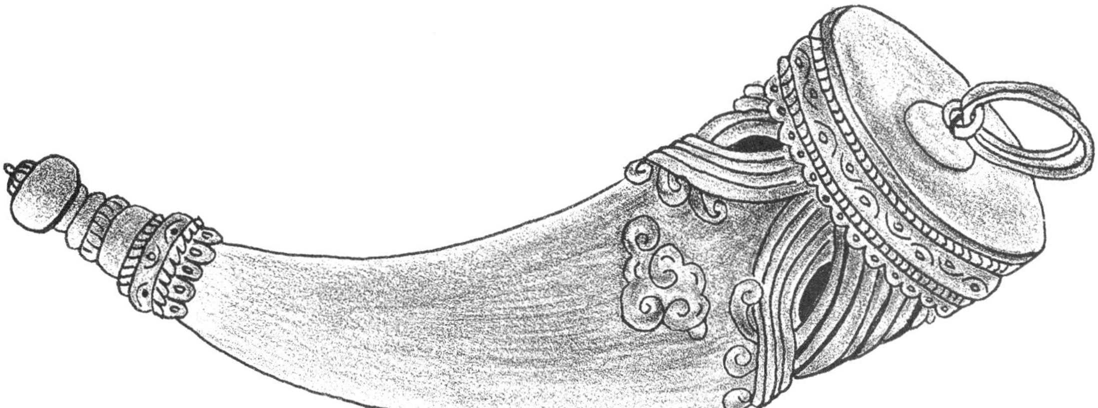

角质鼻烟壶

清
骨
高 18 厘米　宽 6 厘米
原件征集于内蒙古自治区海拉尔市

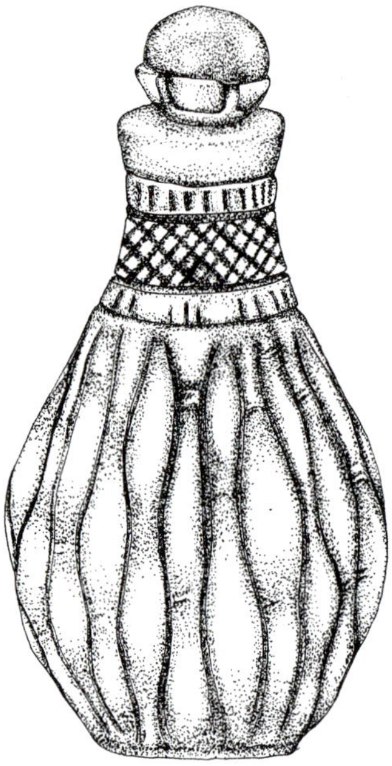

柳斗形玉鼻烟壶

清
玉
高 8 厘米　宽 4.8 厘米
内蒙古自治区呼和浩特市征集

双鱼纹瓷鼻烟壶

清
瓷
高 9.2 厘米　宽 7 厘米
原件征集于内蒙古自治区呼和浩特市

骨雕鼻烟壶

清
骨
高 13 厘米　宽 4.5 厘米
内蒙古大学民族博物馆藏

鼻烟壶一组

互敬鼻烟壶

生活在牧区的蒙古族过去普遍抽旱烟（烟叶）。烟袋由烟锅(烟袋头)、木杆和嘴子三部分构成。烟锅是装旱烟的部分，用铜、银、铁制作。杆用红木或骨、铜、竹、藤制作，木杆有30～60厘米长，中有细孔，可以通过烟嘴把烟锅燃着的烟气吸到嘴里。烟嘴用各种宝石制成。烟口袋是用来装烟丝的，质地有皮、绸、缎等。吊在胯上，也起装饰作用。样式各地区不同，制作很精细。

云纹银饰皮烟口袋

清

皮

长18厘米　宽6厘米

原件征集于内蒙古自治区锡林郭勒盟

清寿字皮烟口袋

清香牛皮如意头烟口袋

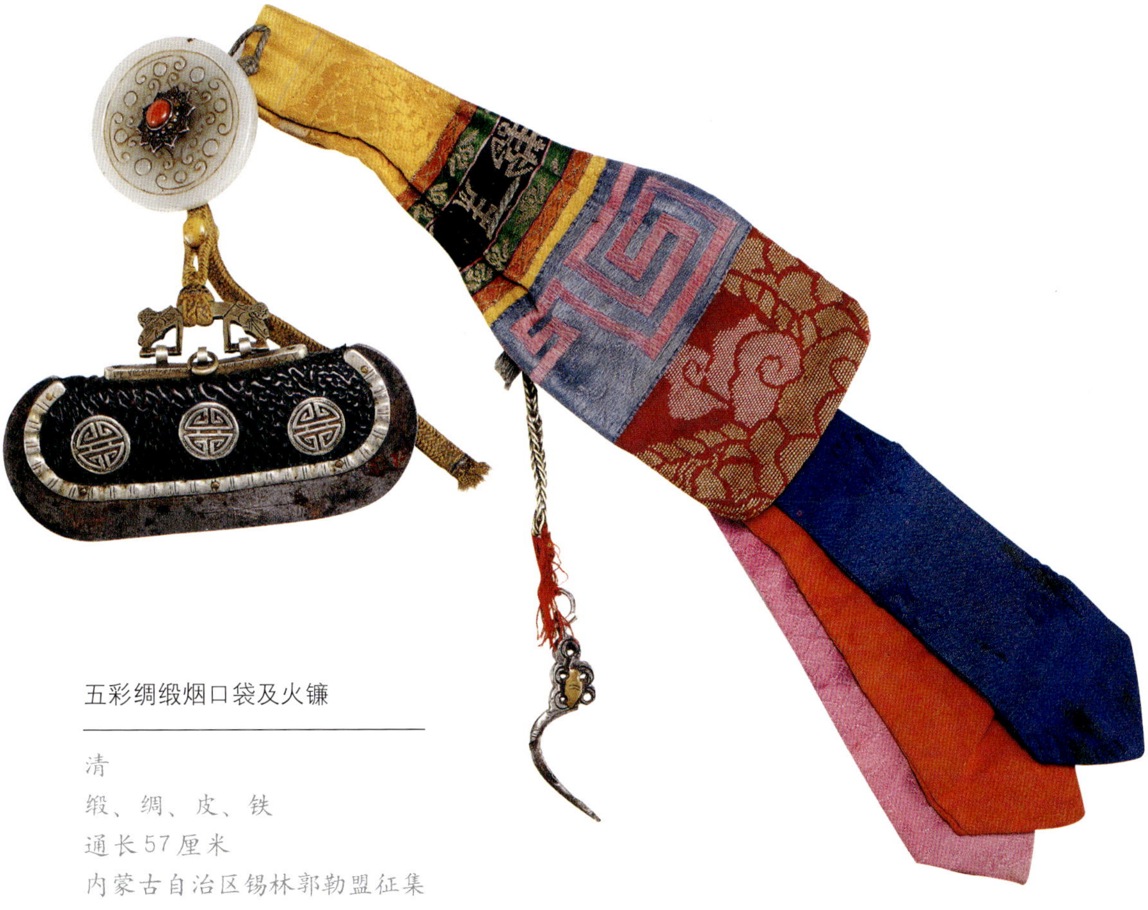

五彩绸缎烟口袋及火镰

清
缎、绸、皮、铁
通长57厘米
内蒙古自治区锡林郭勒盟征集

寿纹烟口袋

民国

缎

长24.5厘米　宽12厘米

原件征集于内蒙古自治区赤峰市

盘肠纹烟口袋

清

缎

长14.5厘米　宽9厘米

原件征集于内蒙古自治区阿拉善盟

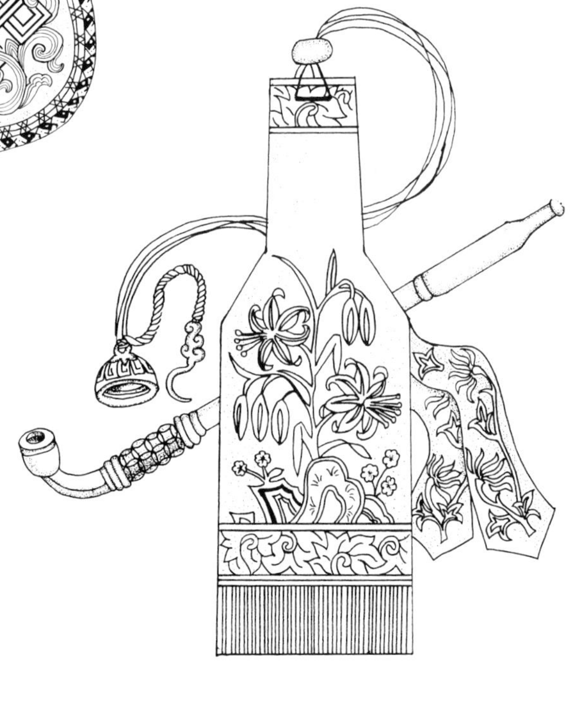

清花卉纹烟口袋及烟袋

清套色补绣烟口袋

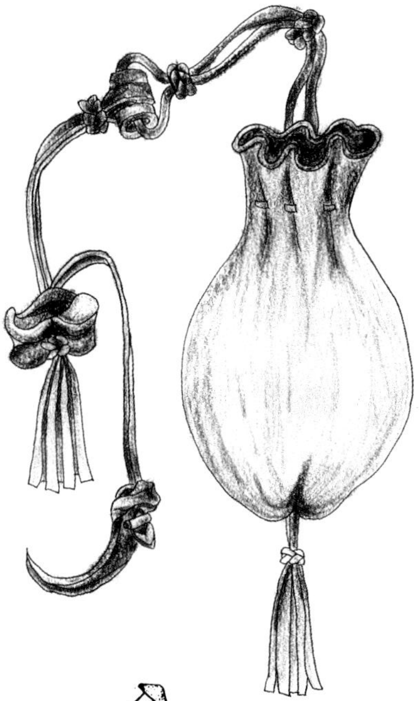

清皮烟口袋

清缠枝纹烟口袋及烟袋

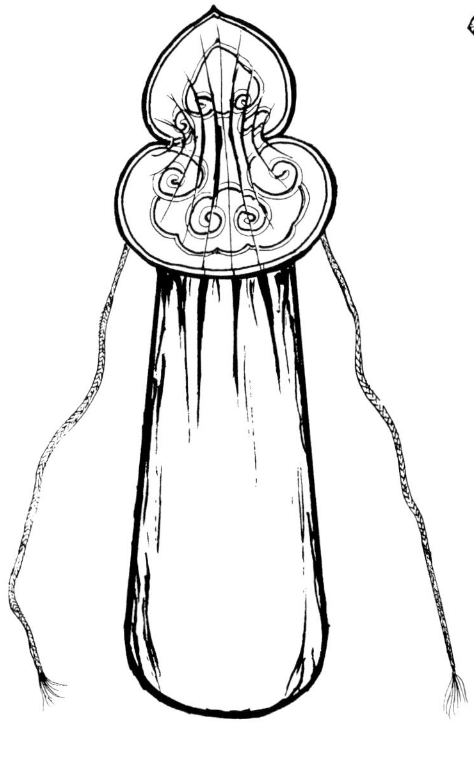

石青缎云纹烟口袋

清

缎

长18.2厘米　宽5厘米

原件征集于内蒙古自治区呼和浩特市

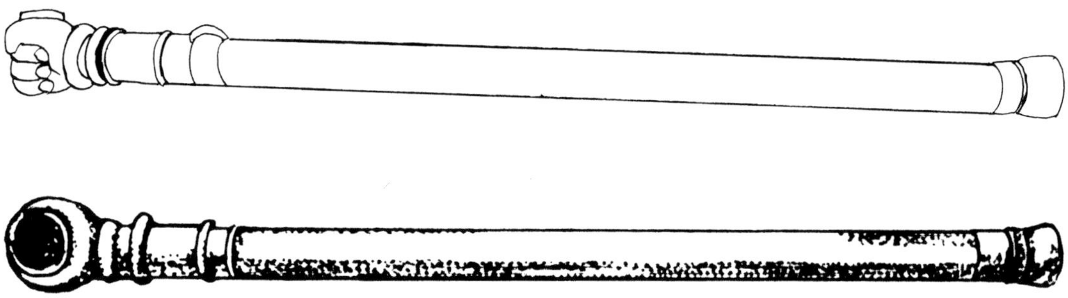

骨质手形烟袋

清
骨、木
长42厘米　直径3.2厘米
原件征集于内蒙古自治区通辽市

玉嘴木杆烟袋

清
玉、木
长28厘米　直径1.8厘米
原件征集于内蒙古自治区通辽市

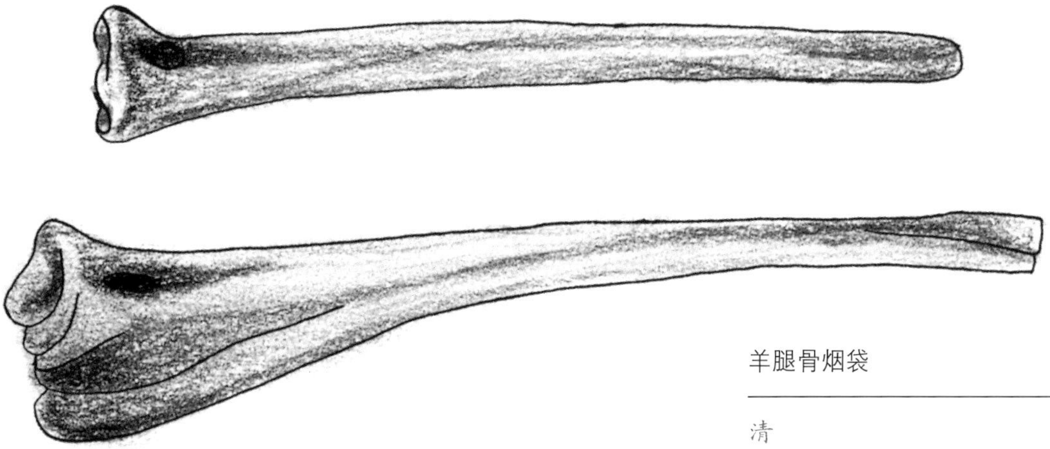

羊腿骨烟袋

清

骨

长29厘米　直径3.6厘米

原件征集于内蒙古自治区呼和浩特市

挚友相会互相点烟

贰 巴尔虎部落服饰

巴尔虎部落是蒙古诸多部落之一。“拔也稽”、“拔野固”、“拔也古”、“八儿忽”、“巴尔忽惕”和“巴儿浑”等都指历史上的巴尔虎，到了明末清初时才有“巴尔虎”或“巴尔虎斤”的称呼。据传说，“巴尔虎”是由部落形成最初的祖先巴尔虎代巴特尔的名字而演变过来的。

成吉思汗统一蒙古时，巴尔虎居住在贝加尔湖东部的“巴尔忽真河”一带，即“巴里灰地面”，过着游牧、狩猎的生活。在当时，“巴里灰地面”上居住的部落除了巴尔虎还有今天的布里亚特等几个部落。由于他们的驻牧地多森林，草原上的牧民们称他们为“槐固亦子坚”，意思是“林中百姓”。到了元朝，巴尔虎人正式纳入蒙古人的身份自称为“蒙古喇忽”。

17世纪上半叶，沙俄涉足贝加尔湖以东地区，迫使当地的游牧部落迁移到喀尔喀蒙古地区游牧。后因葛尔丹叛乱，巴尔虎部落随喀尔喀部落南下，生活在喀尔喀蒙古北部。

清康熙二十七年（1688年），清朝平定黑龙江流域，巴尔虎部落中的一部分编入布特哈八旗，另一部分编入蒙古各部。雍正十年（1732年），布特哈八旗的巴尔虎人接受索伦兵制改革，组成索伦八旗，驻牧于海拉尔河以北地区。雍正十二年（1734年）属巴尔虎管理的喀尔喀车臣汗部贝子杨其布道尔吉旗2984名兵丁和家属请求加入清八旗。清朝按索伦兵制，将其中的2410人编为左、右翼等八个旗，这八个旗巴尔虎后衍变为今新巴尔虎左旗和右旗。

民国时期，为区别两个巴尔虎，以到呼伦贝尔草原先后的顺序，命名为陈巴尔虎和新巴尔虎旗。陈巴尔虎位于呼伦贝尔西北边缘，西北以额尔古纳河与苏联、蒙古为界，东部与牙克石市接壤，东南与海拉尔市和鄂温克旗毗邻。新巴尔虎左旗位于陈巴尔虎旗的西边呼伦贝尔腹地，西与新巴尔虎右旗相依，东和陈巴尔旗、鄂温克旗为邻。

新巴尔虎和陈巴尔虎服饰既有共同处，也有各自的特点。男子的帽子在秋冬季多为圆顶立檐帽、罕坦帽及风雪帽。罕坦帽，整体呈圆形，分六个面用库锦来沿边。夏季巴尔虎人有不分男女均围头巾的习俗。

巴尔虎男子冬季穿熏皮袍、白茬皮袍和吊面皮袍，秋冬季多穿蓝、淡蓝、紫红、深棕色团花缎棉袍，夏季多穿白色、淡蓝色的单衫。长袍的沿边和扣襻讲究对称，扣襻多由银、铜、绸缎来制作。腰带以橘黄、黄绿、灰蓝色的绸类为主，靠下腰系，上提袍。

巴尔虎男子穿的坎肩主要以团花缎为面料，镶青色绸类沿边，采用与长袍颜色对比颜色的布料。喜庆节日陈巴尔虎男子有在长袍外套穿马褂的习惯。巴尔虎男子在腰带上要饰火镰、蒙古刀、银图海、鼻烟壶、褡裢等装饰物。

巴尔虎人所穿的靴子有多种样式，其中最普遍的是尖头靴、香牛皮翘尖靴、苏格勒靴、毡靴、山羊皮靴套和靴底靴帮连在一起的苏海靴。在男子套靴袜口上都绣有精美的花纹。

巴尔虎女子在未出嫁前留后垂式封发独辫，出嫁后分发梳成左右两条辫子。陈巴尔虎未婚妇女的头饰由围箍、鬓侧流苏、耳侧流苏、脑后帘饰组成；新巴尔虎未婚女子头饰则比陈巴尔虎的要复杂些，她们除了头饰外还有胸前银挂饰、银肩饰和银背式。陈新巴尔虎女子的头饰区别并不大，饰呈牛角形头饰。在这些银饰上雕刻有精致的卷草纹，镶嵌绿松石、珊瑚，在发套上绣花边、留穗或镶银环。

新陈巴尔虎妇女帽子的佩戴方式也有区别。陈巴尔虎女子冬季戴貂皮尖顶帽，褐色缎面、立檐、尖顶；新巴尔虎女子妆饰戴的帽子是尖顶圆形四楞帽，帽顶为吉祥结。

陈巴尔虎和新巴尔虎服装在形制、款式方面大体一致，由于历史沿革、所处位置不同，在服饰喜好和风格上有了一些差别。巴尔虎女袍下摆宽大、袖子放下长至膝。陈巴尔虎人穿左右开裾长袍，新巴尔虎人穿无开裾长袍。未婚女子一般采用红、紫红、绿色绸缎来做长袍，腰间扎紫红、粉红、淡绿色绸类腰带。妇女为显示苗条的身材，靠上腰系腰带。长袍的沿边和扣襻的数量讲究对称，长袍若有一道沿边儿那么领口、大襟腋下腰侧就钉一道扣襻。已婚妇女的长袍肩膀处接灯笼式接袖，姑娘则不穿这种袖子的长袍。新巴尔虎已婚妇女穿无腰带的长袍和坎肩。巴尔虎妇女有四季都穿靴子的习惯，靴子的样式和男子的一致。

清代男女服饰

一　男子服饰

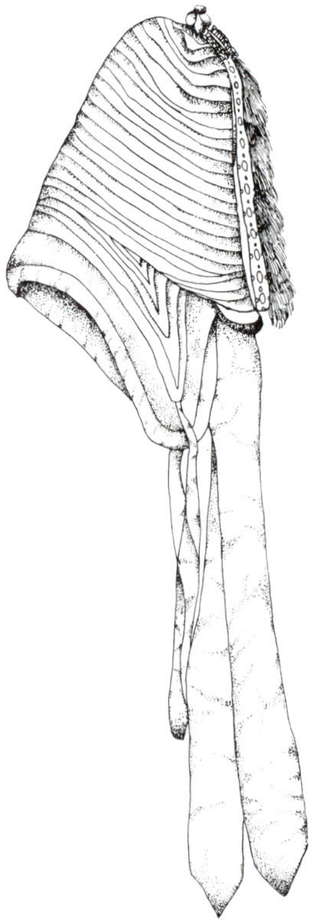

蓝缎尖顶皮帽

民国
皮、缎
高45厘米　宽30厘米
原件征集于内蒙古自治区呼伦贝尔市

男子冬服

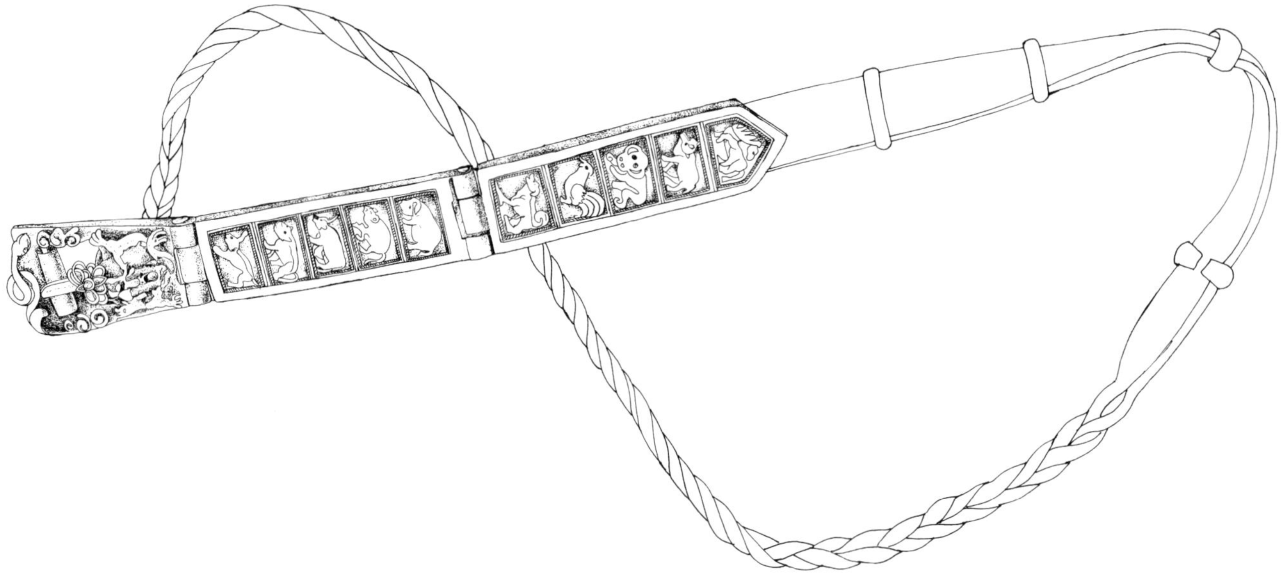

十二生肖饰银皮带

局部

蓝布皮袍

民国

布、皮

身长130厘米　两袖通宽170厘米

内蒙古自治区呼伦贝尔市征集

旱皮高鞠男靴

清

皮

底长 40 厘米　底宽 11 厘米　高 52 厘米

原件征集于内蒙古自治区呼伦贝尔市

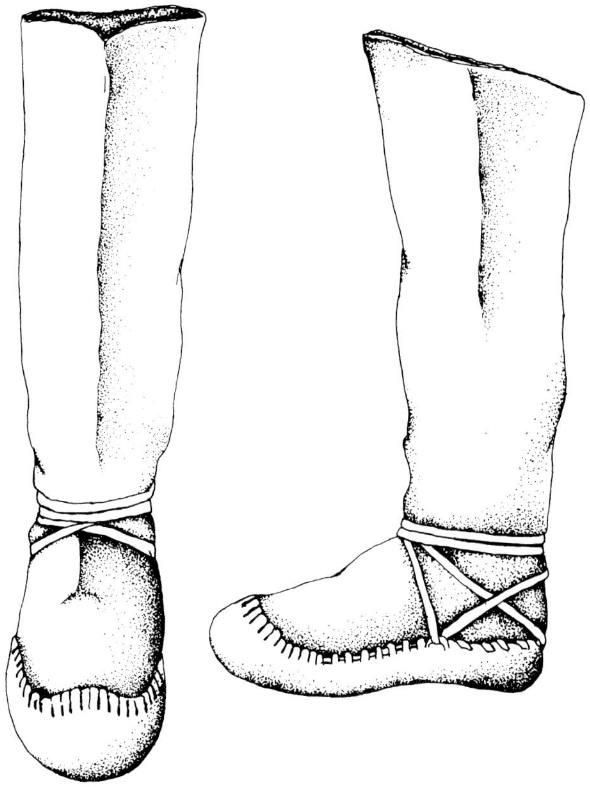

清代老年服饰

二　女子服饰

银镶宝石盘羊角形头饰

清

银、宝石

高37厘米　宽50厘米

内蒙古自治区呼伦贝尔市征集

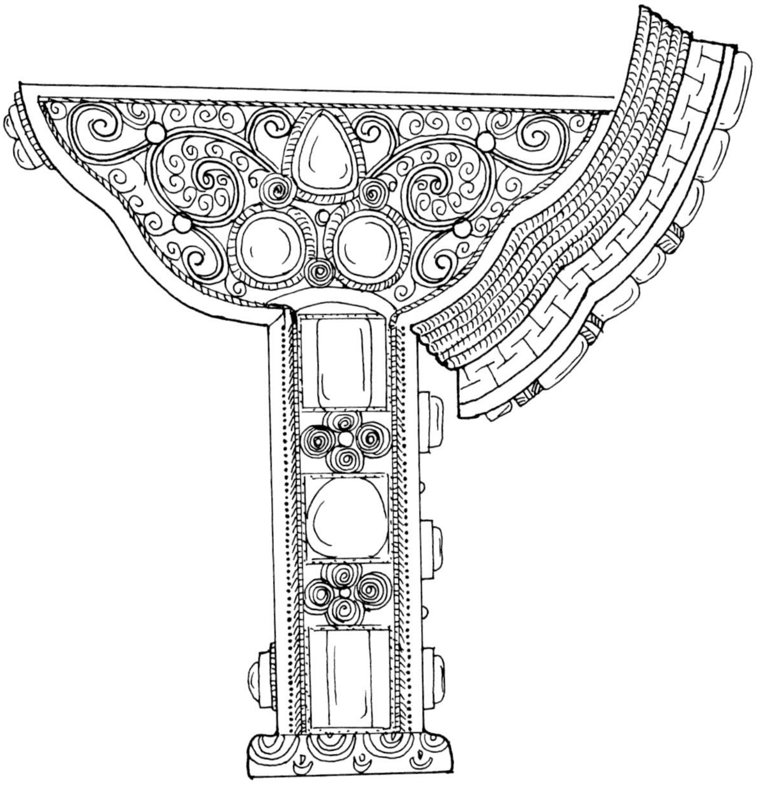

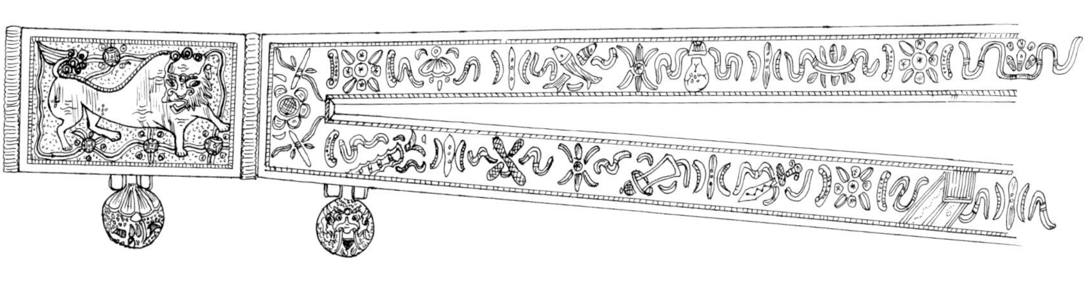

羊角形头饰局部纹饰

银镶珊瑚排方胸饰

清

银、宝石

通长46厘米　宽25.9厘米

内蒙古自治区呼伦贝尔市征集

局部

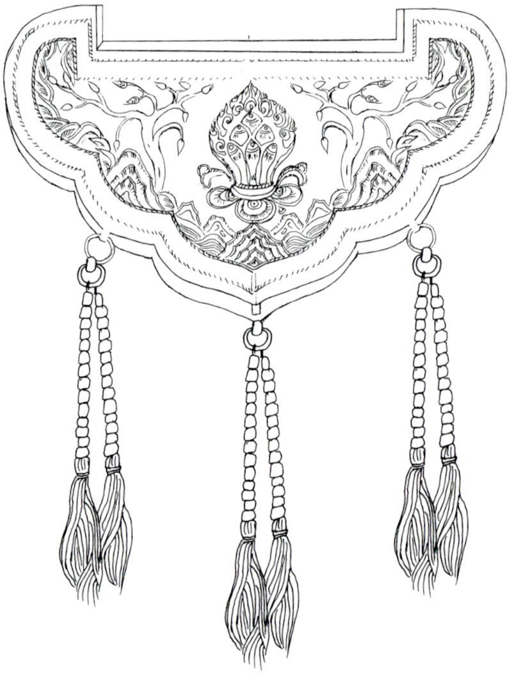

前

后

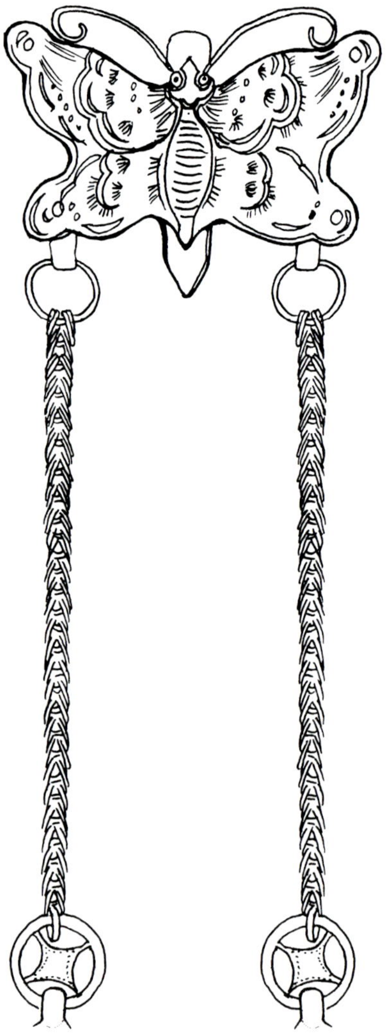

银镶珊瑚錾花圆形侧挂饰

清
银、宝石
通长56厘米　直径14厘米
内蒙古自治区呼伦贝尔市征集

红缎嵌蚌饰女子挂饰

清

缎、蚌

长60厘米　宽20厘米

原件征集于内蒙古自治区呼伦贝尔市

紫织锦缎团花已婚妇女袍

清
缎
身长136厘米　两袖通宽214厘米
内蒙古自治区呼伦贝尔市征集

局部图案

紫织锦缎镶彩边长坎肩

清
缎
身长113厘米　肩宽31厘米
内蒙古自治区呼伦贝尔市征集

蝴蝶龙纹银扣

兰缎镶红绦边坎肩

清
缎
身长 118 厘米　肩宽 32 厘米
内蒙古自治区呼伦贝尔市征集

清代老年服饰

清代已婚妇女服饰

狍皮镶边补花女靴

清
皮
底长 34 厘米　底宽 8 厘米　高 38 厘米
原件征集于内蒙古自治区呼伦贝尔市

叁 布里亚特部落服饰

在史籍中布里亚特被称为“不里牙惕”、“布莱雅”等。布里亚特蒙古族是一支古老的部落，其先民一直游牧在贝加尔湖周围。布里亚特是人名，是从巴尔虎蒙古族的祖先巴日格巴特尔次子布里亚德衍生而来。11～12世纪，布里亚特部游牧于贝加尔湖周围及内外兴安岭之间的草原上，是“林中百姓”的一支。成吉思汗用武力征服布里亚特部落后，成为蒙古民族中的一个部落。

后金在入主中原之前，征服了包括布里亚特蒙古人在内的黑龙江、乌苏里江流域以及库页岛等东北广阔疆域及居民。清代，布里亚特蒙古人和其他各民族一起在贝加尔湖周围从事游牧经济，过着较为安宁的生活。公元17世纪初，沙俄军队开始越过乌拉尔山不断入侵布里亚特蒙古人生活的地区。1689年，清政府打败沙俄后，同俄签订了《尼布楚条约》，勘定了边界。但是沙俄不顾《尼布楚条约》的约束，再次出兵侵占中国领土，相继胁迫清朝政府签订了《中俄北京条约》等不平等条约。从1689年至1860年的171年间，沙俄非法占领了中国黑龙江、乌苏里江流域和外兴安岭等以北一百多万平方公里的土地。从此，把布里亚特蒙古人和其他中国各民族生活区域全部划入了沙俄国界。

1918年初，居住在俄罗斯境内的布里亚特牧民有组织地带着家眷，赶着畜群进入呼伦贝尔边界。清政府将这批布里亚特人安置在锡尼河草原上，称“锡尼河布里亚特”，并成立布里亚特旗。“锡尼”系蒙语，即“新”之意。今中国境内的布里亚特人世代生活在呼伦贝尔盟鄂温克旗东西苏木公社（乡）。

长期以来，布里亚特服饰保留着本民族的独特性。并且，布里亚特蒙古族的生活习俗深受俄罗斯民族的影响，所以其服饰也保留了许多欧式特征。目前，世界上布里亚特蒙古人约有六十多万人，主要分布在俄罗斯、蒙古民主共和国、中国等国家。

布利亚特男子冬季头戴尖顶护耳羔皮帽，夏季则戴尤登帽和鸭舌帽。他们的服装肥大，无开裾装饰，长袍的大襟边用三色宽沿边，主要以蓝、褐色布帛为面料。腰带宽而靠下，多用淡绿和橘黄色绸缎，他们穿一种白色厚布底的小翘尖牛皮靴，其做法富有地区特色。

布利亚特男子和其他地区的蒙古族男子一样在腰带上佩带火镰、蒙古刀、褡裢、鼻烟壶等装饰品。

早期的布利亚特姑娘梳数条小辫，散垂于背后和两肩上。她们戴珊瑚、琥珀、珍珠串成的额带，在其左右两边顺鬓角下垂金银装饰环，并在胸前带银制佩饰。已婚女子梳两条辫子垂于胸前并以“推卜”（假发）为饰。布利亚特女子无论已婚还是未婚，均戴水獭皮或貉皮制作的尖顶立檐帽，小姑娘则戴头巾。

女子的长袍有着自己的独特款式，她们的长袍采用肘、肩、腰围等关节部位分割缝制的工艺。无论已婚还是未婚均穿无腰带长袍，虽没有腰带，女子长袍仍有巴斯甘（姑娘）和哈马甘（媳妇）的区别。巴斯甘穿的长袍是平袖而无马蹄袖，腰间的分割装饰和大襟镶边的宽度相同，宽而华丽，大襟边从下往上镶有红、黑、和面料颜色成对比色的三色沿边，而且布里亚特姑娘不穿坎肩。

哈马甘的长袍由灯笼式装饰袖、以库锦和花绦子装饰袖箍、腰围饰和百褶裙组成。已婚女子的长袍，是蒙古民族服饰中唯一有分割工艺的传统服饰，这种长袍能够充分显示她们苗条的身材。已婚女子平素穿与长袍同色面料做成的短坎肩，在喜庆节日则穿长坎肩，其样式类似巴尔虎长坎肩。在腰间两侧带孛勒下垂及腿。她们的服饰主要以淡蓝、青绿、古铜、粉红色布帛为面料。靴子的样式同男子的一致。

民国时期男女冬季服饰

一　男子服饰

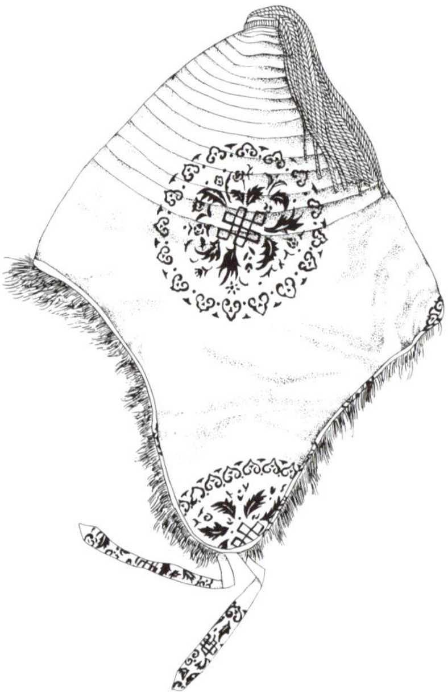

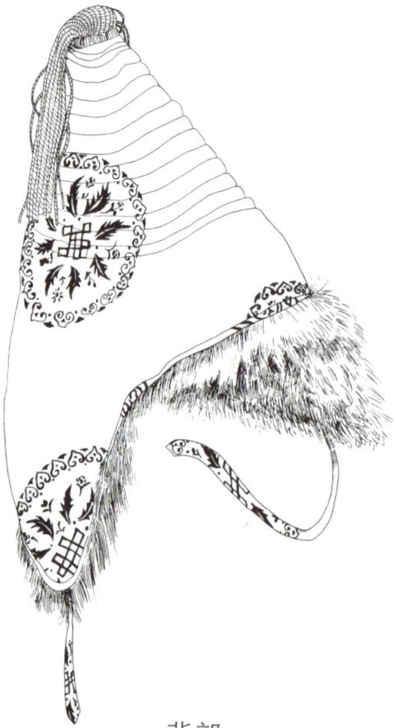

背部

蓝团花缎狐皮尖顶帽

民国
缎、皮
高 42 厘米　宽 37 厘米
原件征集于内蒙古自治区呼伦贝尔市

蓝呢雨帽

民国
呢
长 25 厘米　宽 27 厘米
内蒙古自治区呼伦贝尔市征集

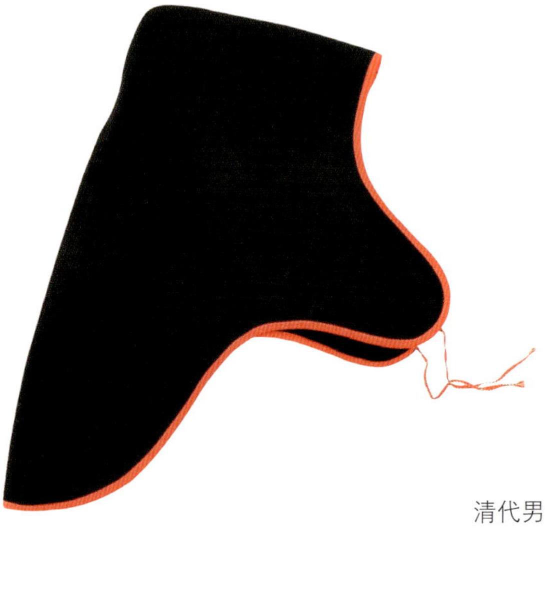

清代男子冬季服饰

蓝呢雨衣

民国
呢
身长125厘米　两袖通宽170厘米
内蒙古自治区呼伦贝尔市征集

蓝团花缎棉袍

民国

缎

身长127厘米　两袖通宽166厘米

内蒙古自治区呼伦贝尔市征集

蓝布夹袍

民国
布
身长130厘米　两袖通宽170厘米
内蒙古自治区呼伦贝尔市征集

棕色团花缎男袍

民国

缎

身长142厘米　两袖通宽190厘米

内蒙古自治区呼伦贝尔市征集

牛皮镶边尖头厚底靴

民国
皮
底长 42 厘米　底宽 12 厘米　高 48 厘米
原件征集于内蒙古自治区呼伦贝尔市

二　女子服饰

银镶珊瑚头饰

清

布、银、珊瑚

通长 90 厘米　直径 19 厘米

内蒙古自治区呼伦贝尔市征集

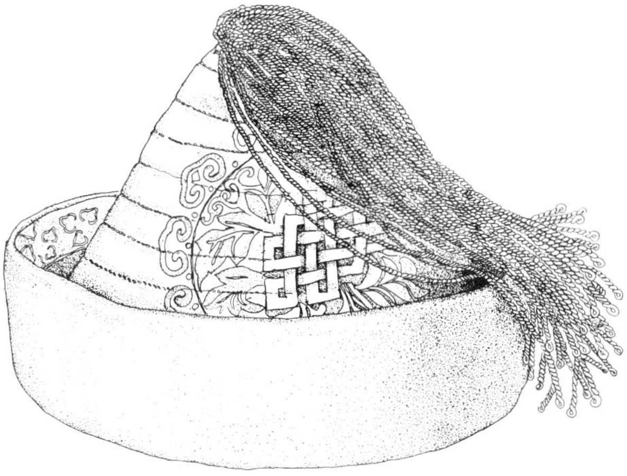

古铜缎尖顶立沿帽

民国
缎
高13厘米 直径20厘米
原件征集于内蒙古自治区呼伦贝尔市

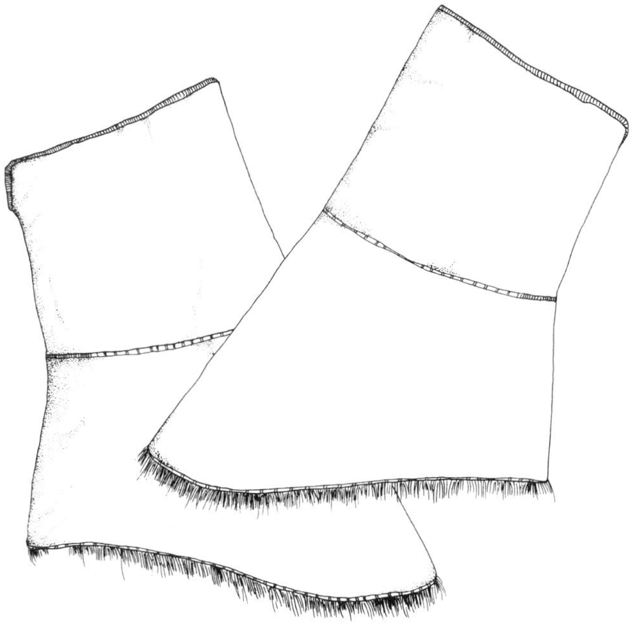

貂皮手笼

民国
皮
长18厘米 宽30厘米
原件征集于内蒙古自治区呼伦贝尔市

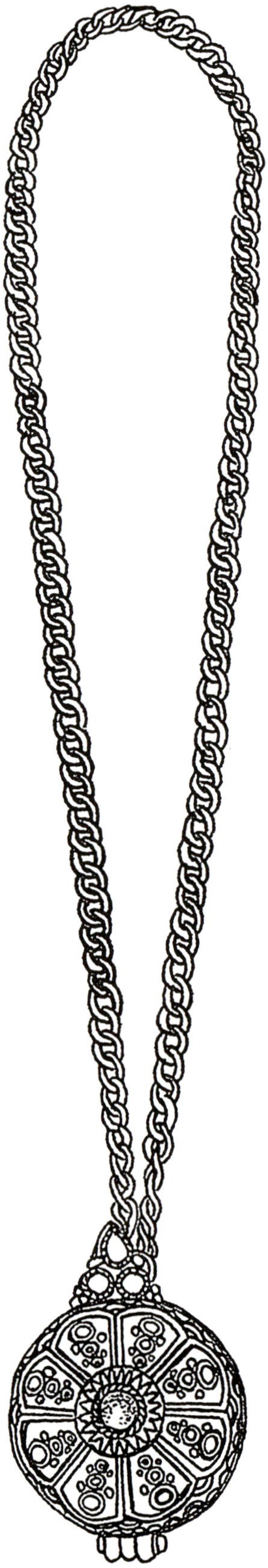

莲瓣纹银项饰

民国
银
直径5厘米　厚2厘米
原件征集于内蒙古自治区呼伦贝尔市

局部

万字纹银耳饰

民国
银
通长40厘米　宽8厘米
原件征集于内蒙古自治区呼伦贝尔市

银鎏金龙纹挂饰

清
银、绸缎
通长56厘米　直径12厘米
内蒙古自治区呼伦贝尔市征集

银鎏金龙纹挂饰局部

蓝织锦缎龙纹袍及长坎肩

清
缎
身长 118 厘米　两袖通宽 170 厘米
内蒙古自治区呼伦贝尔市征集

蓝织锦缎龙纹长坎肩

清

缎

身长113厘米　肩宽32厘米

内蒙古自治区呼伦贝尔市征集

清代已婚妇女服饰

清代已婚妇女冬季服饰

清代未婚女子服饰

清代未婚女子服饰

古铜缎羔皮女袍

民国
皮
身长 120 厘米　两袖通宽 160 厘米
内蒙古自治区呼伦贝尔市征集

古铜团花缎坎肩

民国
缎
身长130厘米　肩宽30厘米
内蒙古自治区呼伦贝尔市征集

蓝布短坎肩

民国
布
身长52厘米　肩宽25厘米
内蒙古自治区呼伦贝尔市征集

蓝布镶花绦边女袍及坎肩

民国
布
身长120厘米　两袖通宽144厘米
内蒙古自治区呼伦贝尔市征集

已婚女子秋冬服饰

已婚女子春秋服饰

青色绸未婚女子夏季袍

民国

绸

身长125厘米　两袖通宽150厘米

内蒙古自治区呼伦贝尔市征集

蓝布未婚女子袍

民国
布
身长 125 厘米　两袖通宽 140 厘米
内蒙古自治区呼伦贝尔市征集

三　儿童服饰

古铜色布条纹童皮袍

民国
缎、皮
身长 90 厘米　两袖通宽 95 厘米
内蒙古自治区呼伦贝尔市征集

牛皮镶边尖头靴

民国

皮

底长35厘米　底宽12厘米　高38厘米

原件征集于内蒙古自治区呼伦贝尔市

夏季儿童服饰

肆 科尔沁部落服饰

成吉思汗建立"怯薛"制度时，"科尔沁"表示"怯薛"执事。到了15世纪初，"科尔沁"成为成吉思汗胞弟哈萨尔的后裔统领的部落。1206年成吉思汗建立大蒙古国后，将所征服的领土属民分封给自己的家庭成员，哈萨尔分得了四千户属民，其初封地位于蒙古民族发源地——额尔古纳河流域。元朝时，哈萨尔及其后裔在蒙古统治机构中担任重要职务，并拥有很高的权力。

哈布图哈萨尔传至十三代图美尼雅哈奇时，长子奎蒙克斯哈喇，游牧于嫩江流域，号所部为嫩科尔沁；次巴衮诺颜长子昆都伦岱青，号所部为阿噜科尔沁，原居于今呼伦贝尔及其以北地区，约在15世纪20年代迁至大兴安岭南嫩江流域。阿噜科尔沁与四子部落、茂明安、乌拉特、翁牛特、阿巴嘎、阿巴哈纳内外扎萨克统称为阿噜蒙古。天命十一年（1626年），嫩科尔沁首领奥巴率众归降后金，被封土谢图汗并授和硕额附。崇德元年（1636年），开始编扎萨克旗，到了顺治七年（1650年）共编了翼中、前、后，左翼中、前、后六个旗。都属于哲里木盟。

科尔沁男子冬季戴四耳狐皮帽、陶尔其克帽、风雪帽，春秋季戴钉有羔皮或平绒的圆顶立檐帽，夏季戴头巾，也有戴平绒圆帽、礼帽的习惯，他们所戴的夏季圆帽前半檐可上下活动。喜庆节日戴貂皮或水獭皮红缨圆顶立檐帽。

科尔沁中老年男子，一般不穿鲜艳色彩的服饰，青年的服装则色彩鲜艳，有繁多的镶边装饰。男子冬季主要穿无开裾的熏皮袍、白茬皮袍、吊面皮袍，天气特别冷的时候穿答忽。夹马褂、棉袍、粉皮袍，丝绸茧绸腰带都是科尔沁男子春秋季的主要服饰。夏季青年男子穿着以白色单袍为主，系丝绸腰带。逢年过节时，男子穿团花缎吊面皮袍和夹袍、外套对襟坎肩或马褂，腰带在背后垂两个活结穗子。科尔沁儿童不穿坎肩和马褂。

冬天男子穿皮裤、吊面皮裤、棉裤，春秋季穿单裤、夹裤、粉皮裤、夹套裤，夏季穿单裤。科尔沁蒙古族靴子以尖头靴为主，因地区的不同而样式有些变化。男布靴主要采用黑色大绒，在靴帮上绣花纹图案，靴靿中间绣吉祥结和玉玺等花纹。冬天男子主要穿牛皮靴、香牛皮靴套毡袜、布袜等，春秋套布袜穿布制盘绣云纹靴子，夏季穿布靴、布鞋。

科尔沁男子的佩饰包括传统的刀具、火镰、褡裢、鼻烟壶等。他们在腰带右侧挎一银质图海，下挂银鞘蒙古刀；腰带左侧图海下挂火镰；在腰带左前侧饰褡裢，内装玛瑙、玉石、翡翠鼻烟壶；背后的腰带上挎烟荷包。他们的烟荷包上，用彩线绣出漂亮的图案，缝三至六个不同颜色的彩色飘带。

科尔沁小姑娘留圆顶独辫发，12岁穿耳孔，13岁留偏分的后垂式独辫封发。在阿鲁科尔沁一带少女有戴珊瑚额带的习惯。春、夏、秋季科尔沁女子多戴鲜艳颜色的头巾。科尔沁已婚女子的全套头饰由一对珊瑚发筒、五支镶嵌珊瑚簪、两道额带、一对鬓垂、六支银质耳坠组成，若家境富裕还带镶有珊瑚绿松石的金银戒指和银制手镯。护耳是已婚女子冬天头上戴的无顶帽子，其表面上绣、贴有各种花鸟图案，内吊貂皮、狐皮、羔皮，缝三至五条色彩缤纷的飘带。它既能护耳也能作为装饰性的头带，深受草原妇女的喜爱。

科尔沁女子没有穿短衣的习俗，女子所穿长袍无马蹄袖。女子冬季主要穿无开裾吊面皮袍、棉袍，春秋季主要穿无开裾的棉袍、夹袍，夏季穿单袍。她们的皮袍镶青色宽沿边，绸缎长袍的大襟、垂襟和袖口镶库锦彩绦组成的宽沿边。已婚女子不系腰带，穿有开裾的大襟长坎肩。大襟长坎肩的大襟沿边不能越出坎肩前身的中心线。挽袖式花缎长袍也是科尔沁地区已婚女子服饰。其样式较独特，长袍的袖口较短，冬季穿时在手腕上套吊面羔皮套袖或貂皮套袖。在科尔沁，会吸烟的女子在右大襟上带绣花烟荷包。

科尔沁女子冬季穿棉裤，春秋两季穿夹裤，夏季穿单裤。科尔沁女靴以尖头靴为主，多采用墨绿色、天蓝色的面料制作，靴上绣凤鸾花草的图案。科尔沁女子冬天穿彩线盘花的面靴和棉布袜子，春秋季穿布制彩线盘花靴子，夏季穿绣花布鞋较多。

男女已婚服饰

一 男子服饰

紫缎龙纹马甲

民国

缎

身长67厘米　肩宽38厘米

原件征集于内蒙古自治区赤峰市

清代男子冬季服饰

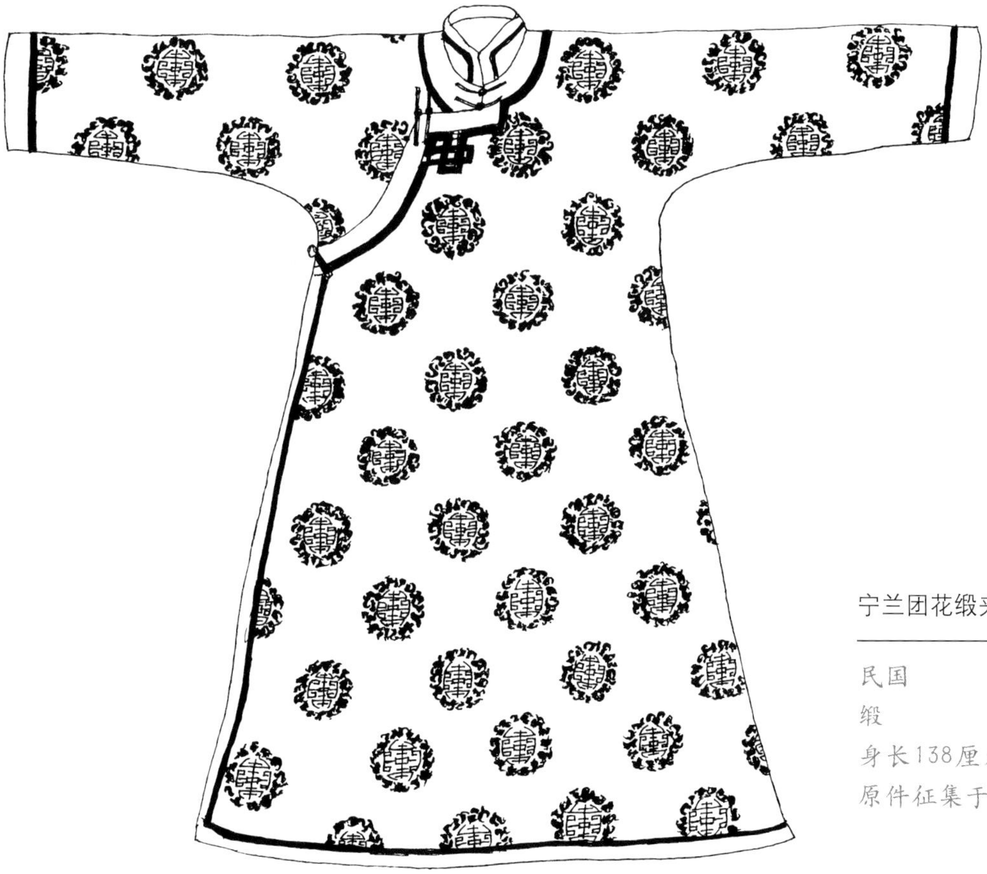

宁兰团花缎夹袍

民国
缎
身长138厘米　两袖通宽186厘米
原件征集于内蒙古自治区赤峰市

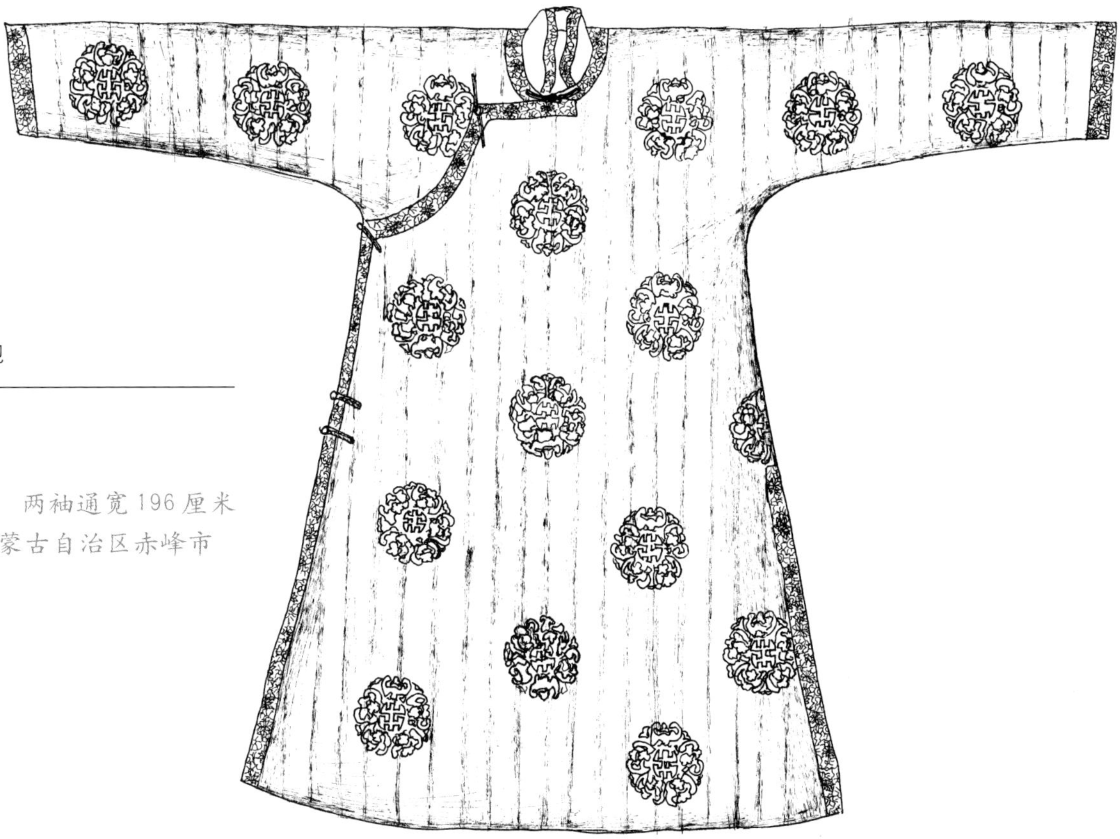

古铜团花缎棉袍

民国
缎
身长142厘米　两袖通宽196厘米
原件征集于内蒙古自治区赤峰市

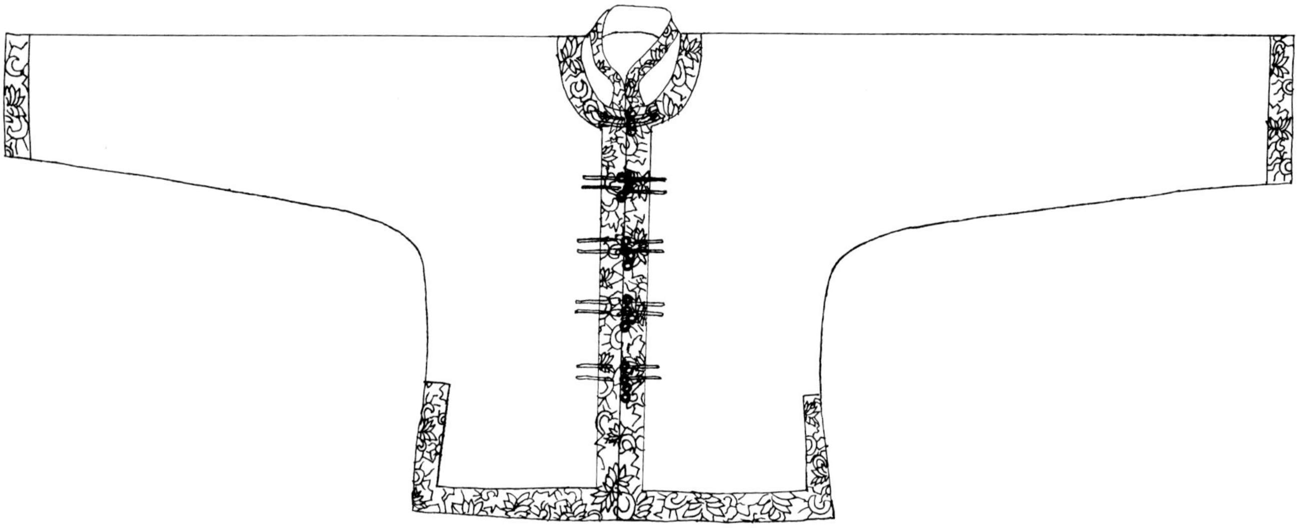

前

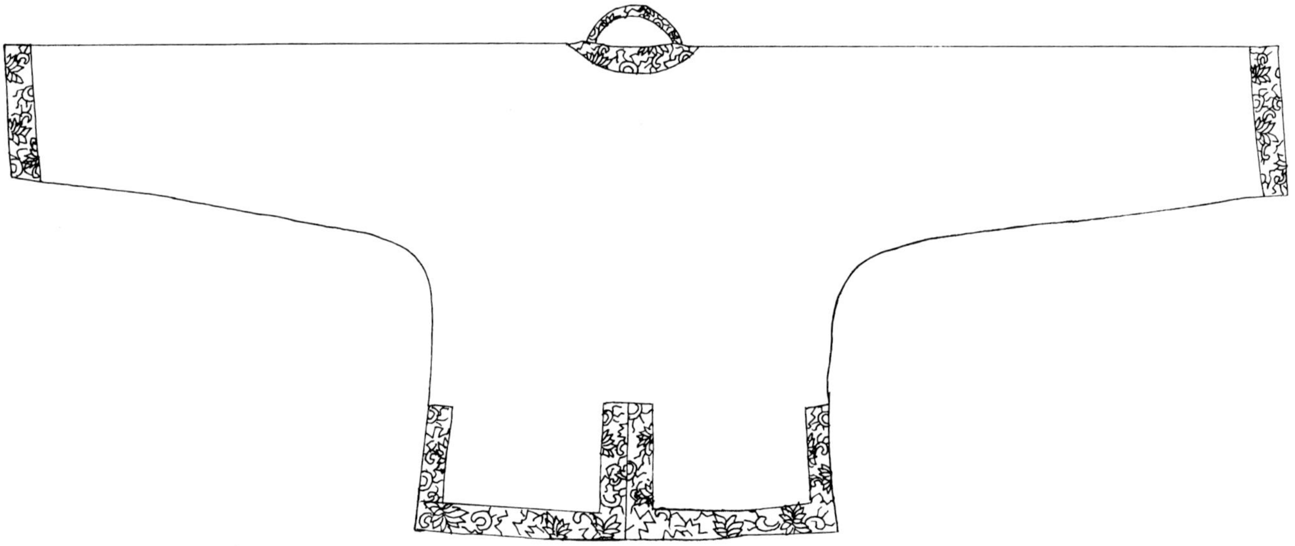

后

黑绒镶边马褂

民国

绒

身长68厘米　两袖通宽196厘米

原件征集于内蒙古自治区赤峰市

男子秋季服饰

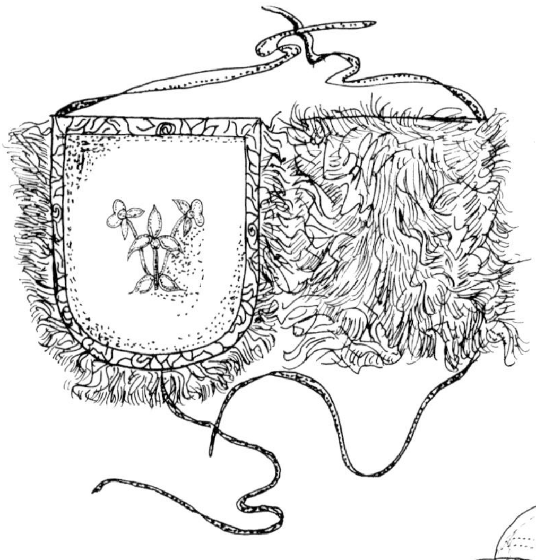

黑缎绣花卉羔皮耳套

民国
缎、皮
长9厘米　宽7.5厘米
原件征集于内蒙古自治区通辽市

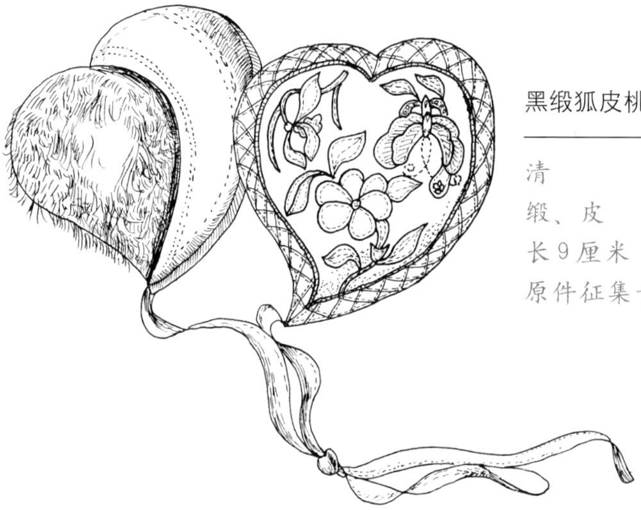

黑缎狐皮桃形耳套

清
缎、皮
长9厘米　宽8厘米
原件征集于内蒙古自治区通辽市

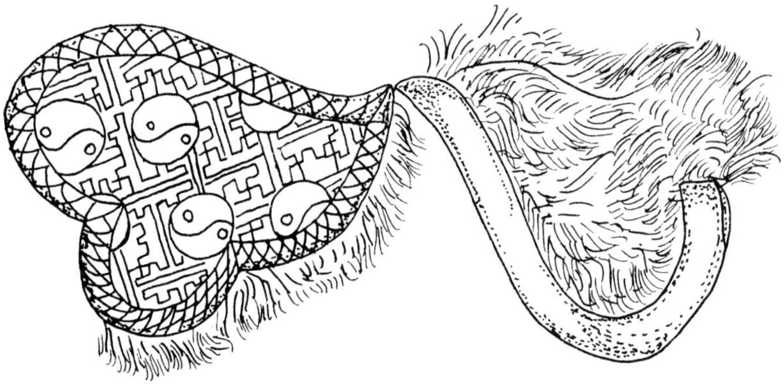

织锦缎皮耳套

清
缎、皮
长8厘米　宽8厘米
原件征集于内蒙古自治区通辽市

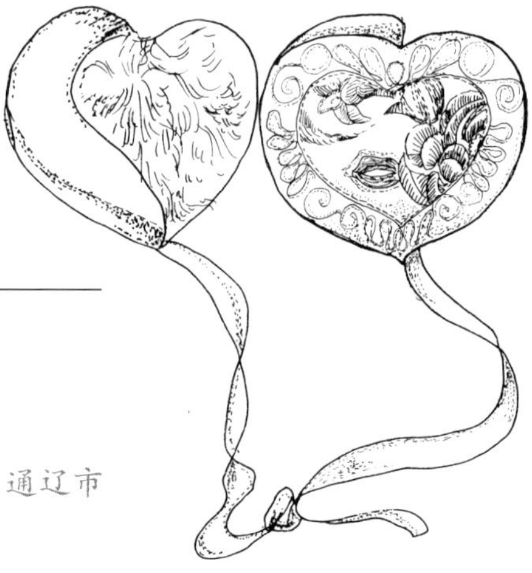

黑缎皮耳套

清
缎、皮
长7厘米　宽5厘米
原件征集于内蒙古自治区通辽市

黑绒万字纹男靴

民国

绒

底长38厘米　底宽11厘米　高36厘米

原件征集于内蒙古自治区赤峰市

蓝布卷云纹男靴

民国

线

底长40厘米　底宽9.5厘米　高35厘米

原件征集于内蒙古自治区赤峰市

二　女子服饰

古代妇女将头发挽成髻后，以簪钗贯连固定，以免髻松散坠落。簪的本名叫“笄”。据考古资料，早在新石器时代妇女就已经使用发笄一类的首饰。女子插笄标志已成年，是人生大事。女子年满15岁便被视为成人，在这以前他们的发式大多做成丫髻，还没有插笄的必要，到15岁时，许嫁便可梳髻，这时就用发笄了。

已婚女子头饰

簪最初是用以绾发，后被贵族当作财富，是身份的一种标志。这时，无论是在材料上还是在造型上都有了变化，由石、蚌、竹、木和骨等发展到玉、金、银、琉璃及翠等。造型有凤、龙、蝶等多种。

步摇是古代妇女的首饰中的一种。它是在钗的基础上发展而成的。步摇的底座通常为钗，钗上有活动的花枝，走起路来，随着步履的起伏而不停地摇曳，故名步摇。步摇最早出现在西汉，《史记》中也有记载。在清代点翠步摇有银柄嵌珊瑚枝步摇、龙凤口衔步摇、蝶形步摇等形制。

银烧蓝镶宝石头饰

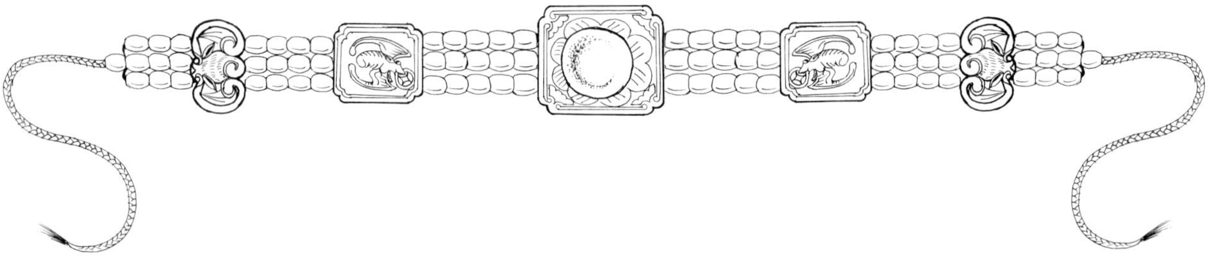

珊瑚松石串头围带

清
宝石
长35厘米　宽3.3厘米
原件征集于内蒙古自治区通辽市

银烧蓝镶珊瑚八宝纹扁方簪

清
银
长25厘米　宽5厘米
原件征集于内蒙古自治区通辽市

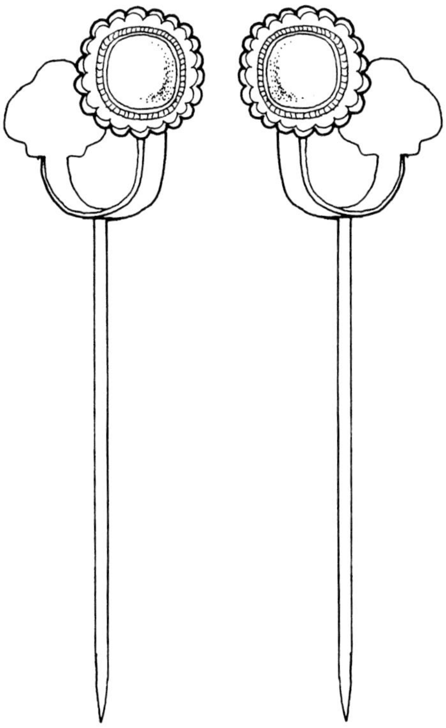

银镶珊瑚竖簪

清
银
长16厘米　宽3厘米
原件征集于内蒙古自治区赤峰市

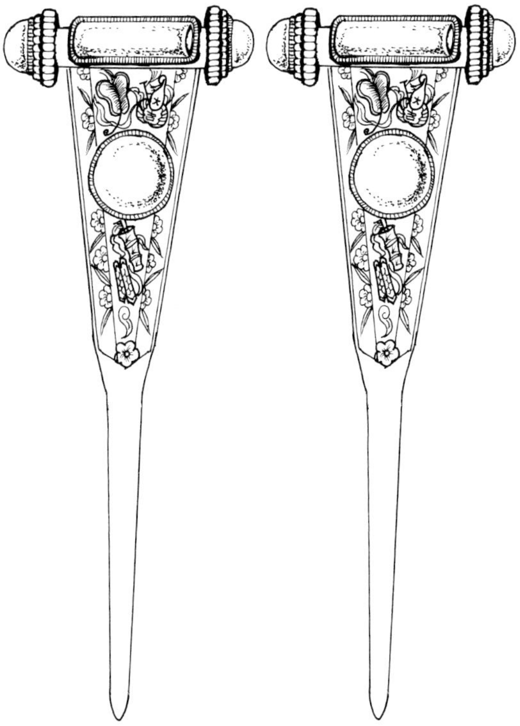

银烧蓝镶珊瑚竖簪

清
银
长16厘米　宽5厘米
原件征集于内蒙古自治区赤峰市

银烧蓝蝴蝶簪

清
银、宝石
通长15厘米　宽3厘米
原件征集于内蒙古自治区通辽市

宝石蝴蝶钗

清

银、宝石

通长13厘米　宽8厘米

内蒙古自治区通辽市征集

银柄蝙蝠簪

清
银
通长10厘米　宽6厘米
原件征集于内蒙古自治区通辽市

银柄双蝠簪

清
银
通长13厘米　宽8厘米
原件征集于内蒙古自治区通辽市

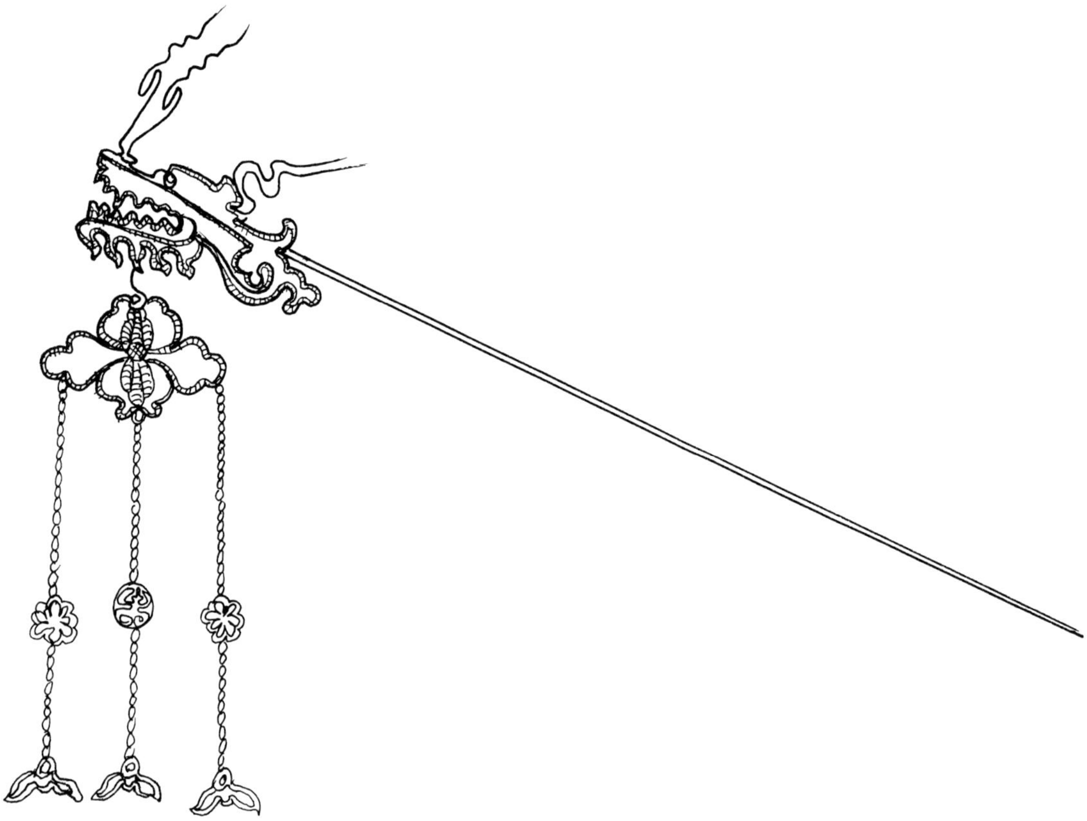

银柄龙首步摇

清
宝石
通长21厘米
原件征集于内蒙古自治区通辽市

银柄嵌珠龙首步摇

清
宝石
通长25厘米
原件征集于内蒙古自治区通辽市

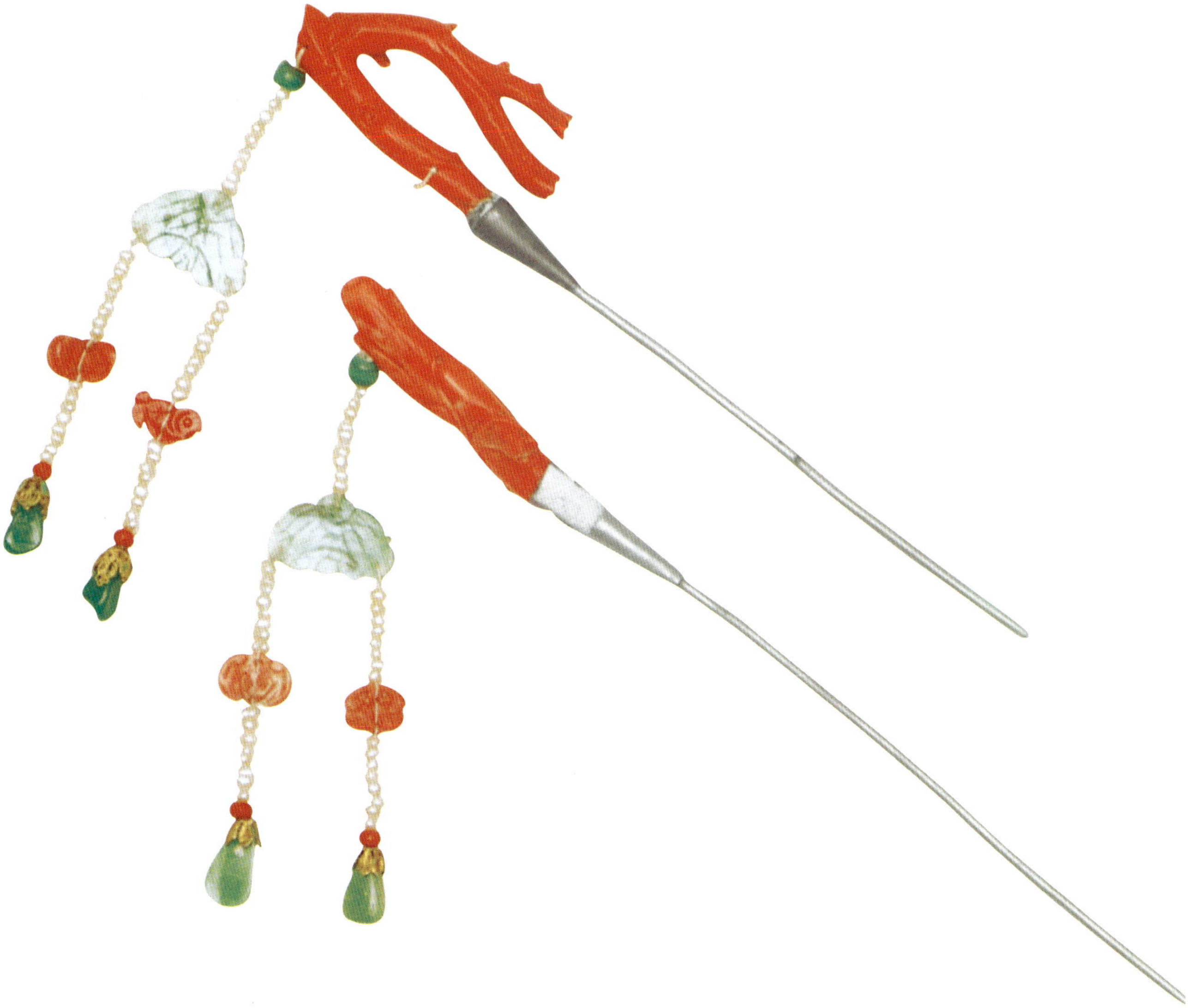

银柄嵌珊瑚龙首步摇

清
宝石
通长20厘米
内蒙古自治区赤峰市征集

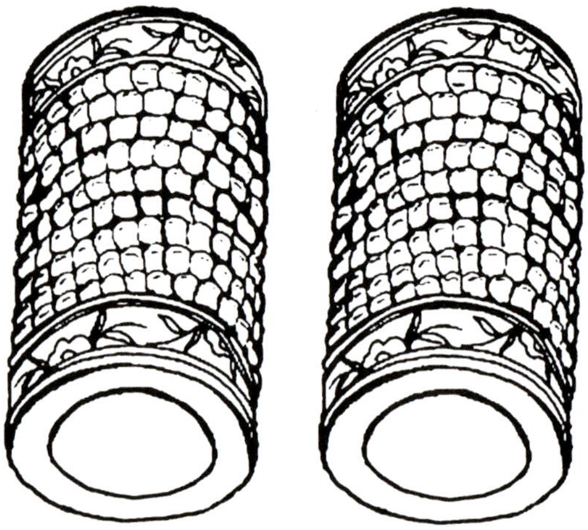

银烧蓝镶珊瑚发筒

清

银

长10厘米　直径3.2厘米

原件征集于内蒙古自治区通辽市

银挂饰局部——银镀金龙纹针盒

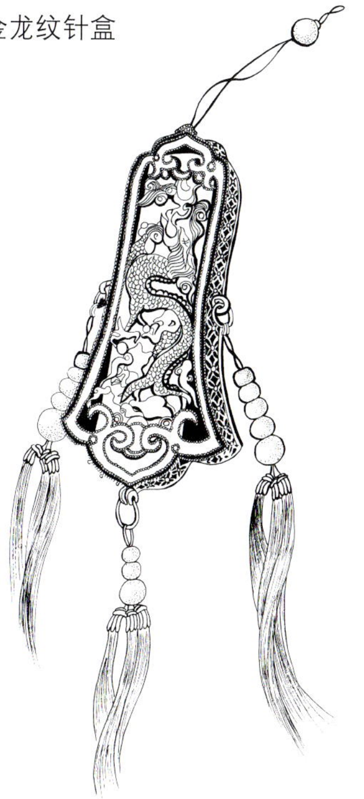

银挂饰

清
银、缎
通长62厘米
内蒙古自治区通辽市征集

前

后

红缎镶花绦边旗袍

清

缎

身长134厘米　两袖通宽170厘米

内蒙古自治区赤峰市征集

前

后

黑缎绣团花长坎肩

清
缎
身长134厘米　肩宽37厘米
内蒙古自治区赤峰市征集

已婚女子服饰

淡绿缎绣蝴蝶花卉纹女袍

清

缎

身长128厘米　两袖通宽162厘米

内蒙古自治区赤峰市征集

黑缎绣花长坎肩

黑缎绣梅花缠枝长坎肩

清
缎
身长129厘米　肩宽38厘米
内蒙古自治区赤峰市征集

黑缎镶花绦边长坎肩

清

缎

身长132厘米　肩宽38厘米

内蒙古自治区赤峰市征集

侧面

绿缎碎花棉袍

民国
缎
身长127厘米　两袖通宽160厘米
内蒙古自治区赤峰市征集

粉绸镶花绦拼袖棉袍

民国
绸
身长133厘米　两袖通宽160厘米
内蒙古自治区赤峰市征集

老年妇女服饰

老年妇女长坎肩

清

缎

身长130厘米　肩宽40厘米

原件征集于内蒙古自治区赤峰市

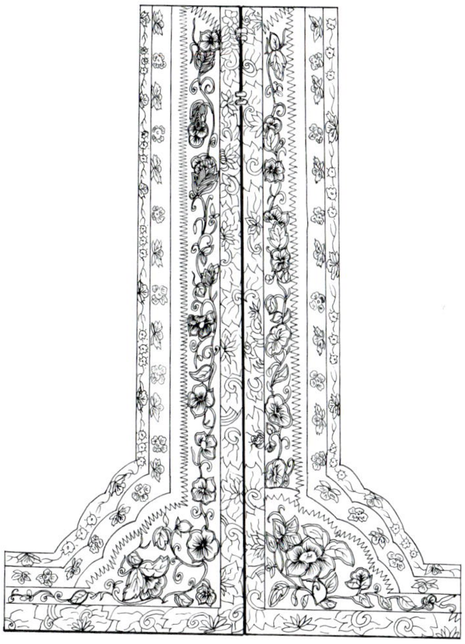

侧面

黑缎绣花卉纹皮护耳

黑布绣凤纹护耳

民国
布
通长 62 厘米　宽 34 厘米
原件征集于内蒙古自治区赤峰市

黑缎绣花卉纹皮护耳

民国
缎
通长 76 厘米　宽 54 厘米
内蒙古自治区赤峰市征集

黑布绣花卉纹护耳

清
布
通长 45 厘米　宽 26 厘米
原件征集于内蒙古自治区赤峰市

黑布绣荷花纹狐皮护耳

民国
布
通长 64 厘米　宽 34 厘米
原件征集于内蒙古自治区赤峰市

黑绒绣花卉纹狐皮护耳

民国

线、皮

通长62厘米　宽34厘米

原件征集于内蒙古自治区赤峰市

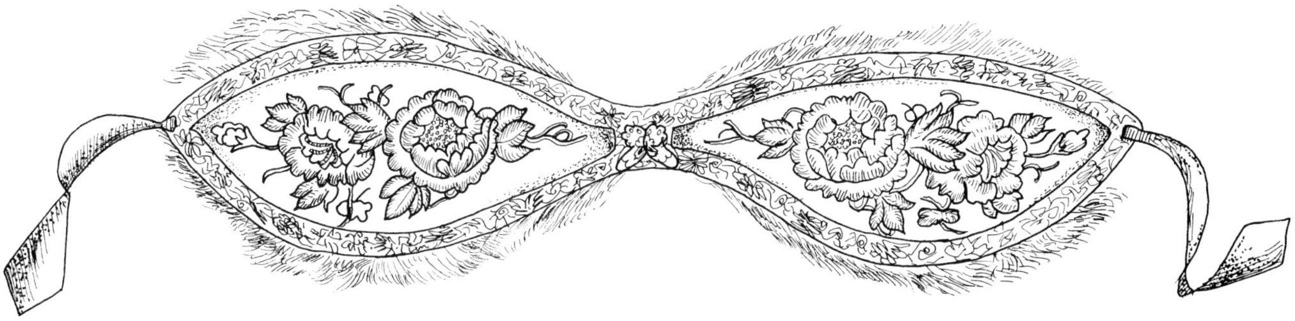

清代女子冬季头饰

黑绒绣蝴蝶花卉纹靴

民国
线
底长30厘米　底宽10厘米　高35厘米
内蒙古自治区赤峰市征集

黑布绣荷花纹靴

民国
布
底长29厘米　底宽9厘米　高34厘米
原件征集于内蒙古自治区赤峰市

绿缎绣花卉凤纹棉靴

民国
缎
底长30厘米　底宽10.5厘米　高36厘米
原件征集于内蒙古自治区赤峰市

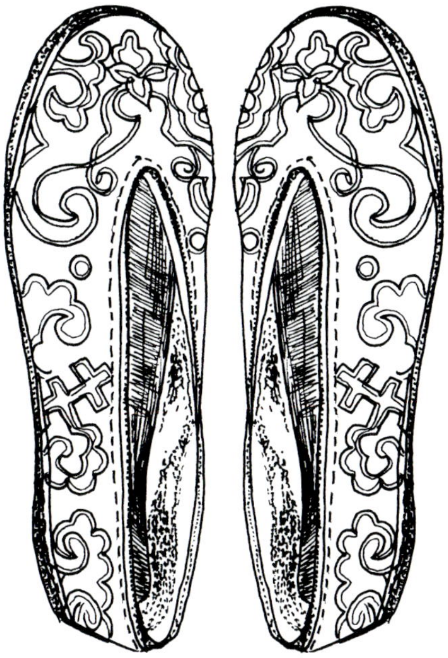

云纹花卉鞋

民国
缎
底长24厘米　底宽9厘米　高5.5厘米
原件征集于内蒙古自治区赤峰市

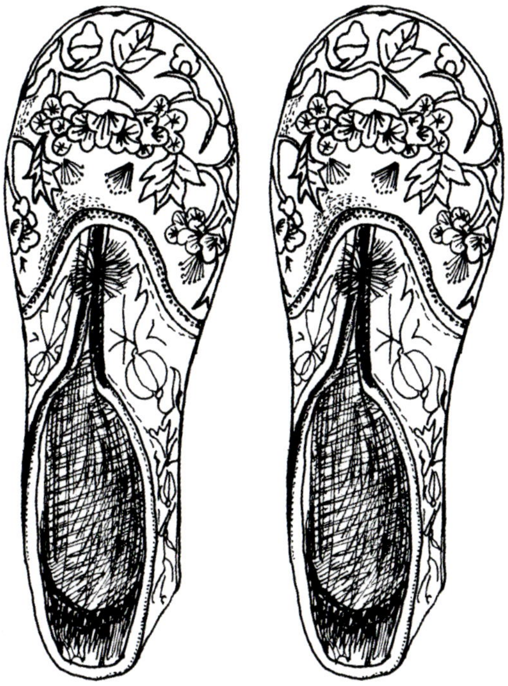

紫绒绣水仙花纹圆头鞋

民国
绒
底长22厘米　底宽9厘米　高5厘米
原件征集于内蒙古自治区通辽市

黑绒绣花卉纹圆头鞋

民国
绒
底长25厘米　底宽9厘米
高5.5厘米
内蒙古自治区乌兰浩特市征集

伍 察哈尔部落服饰

察哈尔，在史籍中出现于15世纪中叶，又译“嚓哈儿”、“擦哈儿”、“插汗”、“叉汗”。“察哈尔”的词义，有学者认为是古突厥语，“汗之宫殿卫士”即大汗护卫军的意思，因此推断察哈尔形成与成吉思汗“怯薛”制有着密切的联系。元代“怯薛”制一直被沿用。

在蒙文文献中，“察哈尔”作为部落的名称最早出现于额森哈汗执政时期，也是达延汗之父巴音孟克出生的那一年（1452年）。达延汗统一蒙古各部后，分封六万户，派诸子统领。察哈尔就是当时分封的左翼三万户之一。达延汗自己驻察哈尔统领全蒙古。

1635年，察哈尔林丹汗逝世。其两个妻子苏台哈吞和褰褰哈吞在奉丧归途中，把察哈尔部剩余兵丁分成两部分。苏台哈吞带领其子孔果尔额哲、阿卜乃到清朝廷，将传国玉玺和嘛哈噶拉佛献给清太宗皇太极。褰褰哈吞获悉孔果尔额哲归顺清朝廷被封为亲王后，带领她的部分察哈尔兵丁西进新疆的西北部驻牧，成为德额得蒙古。察哈尔部的消亡标志着自元太祖成吉思汗至林丹汗，凡32主22世共428年蒙古政权的结束。

康熙十四年（1675年）三月，察哈尔林丹汗之孙，孔果尔额哲之侄布尔尼、罗卜藏兄弟二人乘南方“三藩之乱”，联合奈曼旗王札木山反清。战乱中布尔尼战死，罗卜藏率余下兵丁二次降清。康熙废止察哈尔部的王公札萨克旗制，改为总管旗制，将察哈尔编为左、右翼，在两翼下分成四旗。

布尔尼事件后，察哈尔被重新安置的牧地东接热河围场和克什克腾，西连归化城（今呼和浩特），南与山西、直隶（河北省）交界，北与苏尼特及四子部落毗连。封地大体相当于今天的内蒙古自治区的乌兰察布市、察哈尔右翼旗、卓资县、商都县、化德县、丰镇县、凉城县、兴和县和锡林郭勒盟正兰、镶黄、正镶白三旗，太仆寺，多伦县及河北省张北、康保、尚义、沽源等县的一部分。

察哈尔男子冬季戴风雪帽，其样式类似乌珠穆沁风雪帽，春秋戴圆帽、哈阳皮帽、四耳帽、陶尔其克帽，夏天戴礼帽、凉帽。夏天除戴帽子外还有围白色和蓝色头巾的习惯，青年男子缠头巾时把耳的上部围到头巾内。

察哈尔男子均穿开裾长袍，长袍分为有马蹄袖或无马蹄袖两种，马蹄袖也有大小之别。冬季穿白茬皮袍、吊面皮袍，春秋两季则穿吊面羔皮袍、棉袍，夏季穿衬衣、长衫、夹袍。长袍马蹄袖平时卷起，在寒冷季节或劳动时下垂，给贵宾或长辈端茶递饭或敬酒时必须上卷马蹄袖。长袍无马蹄袖天冷时要戴手龙袖。夏季长袍的马蹄袖小，冬季长袍的马蹄袖则大。年轻人和牧人的马蹄袖要比做家务的女子和老年人的大一些。察哈尔男子通常穿靛蓝色、蓝色和绛紫色长袍。在喜庆场合，他们在长袍外面有套短坎肩的习俗。男子系腰带要靠腰下，上提袍，多用橙色、红褐色、橘黄色和淡蓝色绸缎。

察哈尔男子冬季穿皮裤或棉裤，春秋季穿粉皮裤(去毛皮裤)，夏季穿单、夹布裤。也有穿套裤的习惯。他们还穿香牛皮制作的小翘尖靴、老钦靴和毛眼靴。靴靿和靴帮上装饰各种吉祥图案。也有雪地穿的毡靴和山羊皮、狗皮制作的靴套。

男子装饰品有图海、火镰、蒙古刀、烟袋、烟袋套、烟荷包、银碗、褡裢、鼻烟壶、戒指、束襟带等。已婚男子在腰带右侧图海挂蒙古刀，左侧图海挂火镰。褡裢悬在腰带左前侧，内装鼻烟壶。碗袋悬在右侧，内装银碗。把烟袋装进皮套后插在靴筒里，烟荷包系在右后侧腰带上。

察哈尔小姑娘喜欢梳牛角辫或独辫发新形，8岁穿耳孔戴耳环，十几岁开始跟母亲学女红。到15岁算作成年，开始梳独辫式封发，发辫末端缠珊瑚串，脖子上戴珊瑚、珍珠、宝石项链和银饰件。姑娘也戴手镯和戒指，但不能把戒指戴在无名指上。察哈尔已婚女子全套头饰称“宝德斯”，其中包括“罕特日格”（挂坠子用的长条褡带）、“温珠日格”（戴在坠子两侧的珍珠或珊瑚链）、额穗子、额箍、脑后饰、发夹、锁团、发套等。已婚女子还有银质孛勒、银手镯、金银戒指、荷包等装饰品。

冬季察哈尔女子均戴风雪帽，春秋戴圆帽、孔雀帽、孛勒帽、胡鲁格布其等，夏季戴头巾。姑娘缠头巾不封顶，在右边打结出穗子；已婚女子缠头巾则要封顶，不出穗子。女子喜欢罩粉红、草绿、天蓝色的头巾。

察哈尔女子均穿左右开裾长袍，根据季节分白茬皮袍、吊面皮袍、吊面羔皮袍、棉袍、和单夹袍。长袍的大襟、领座、领边、袖口、下摆之缘镶有缎子、柞丝绸或库锦沿边。袍子和镶边采用对比色，扣襻的颜色、材料和镶边相同，扣襻的多少是根据镶边来定。年轻女子的袍子用鲜艳的材料镶边，老人则上暗色镶边。姑娘长袍垂襟处没有装饰沿边，在袖口上镶装饰沿边，在大襟扣上戴银牙签、绣花荷包及针线包等。察哈尔女子多穿绿色、暗绿色、蓝色、天蓝色和粉色长袍。姑娘穿袍系腰带，已婚女子一般不系腰带。女子腰带多是淡绿色、天蓝色和粉红色。

察哈尔姑娘不穿坎肩，已婚女子在长袍外面套缝制精美的长坎肩、捏褶长坎肩和短坎肩。坎肩要以毛呢、倭缎、堪布缎为面料，长坎肩在前后左右开裾，而捏褶长坎肩则在前后有开裾，这种坎肩比袍子稍短一些。在参加婚宴、盛会、喜庆节日时穿长坎肩，平素着短坎肩，在一些地方还穿一种琵琶襟坎肩。察哈尔女子多穿布裤，冬季穿皮裤或棉裤，春夏穿夹、单裤。穿香牛皮小翘尖靴或布靴。靴上有美丽的装饰图案。

黄缎团寿纹马褂

一 男子服饰

蓝缎云头纹羔皮立沿帽

民国
缎、皮
高 10 厘米　直径 19 厘米
原件征集于内蒙古自治区锡林郭勒盟

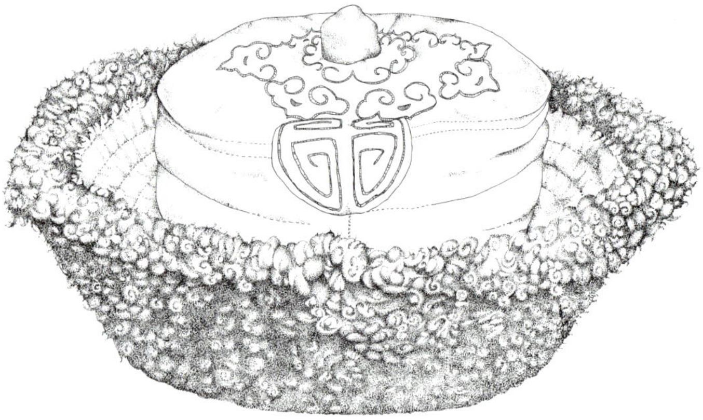

黑缎貂皮吉祥结红缨帽

清
缎、皮
高 9 厘米　直径 17.5 厘米
内蒙古自治区锡林郭勒盟征集

黑缎绣花皮耳套

民国
缎、皮
长 8 厘米　宽 4 厘米
原件征集于内蒙古自治区锡林郭勒盟

黑缎绣花皮耳套

民国

缎、皮

长8厘米　宽4厘米

原件征集于内蒙古自治区锡林郭勒盟

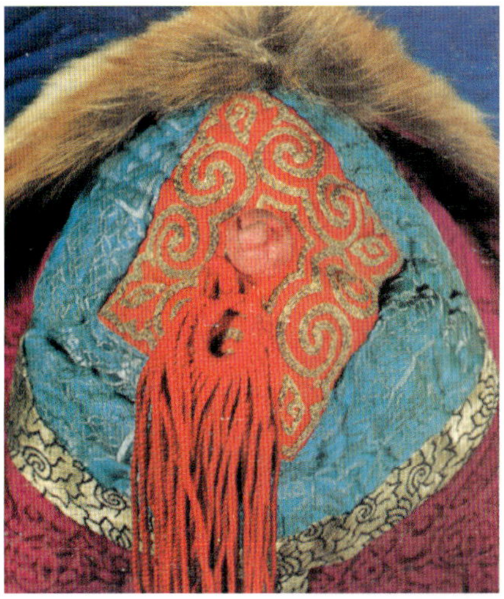

紫缎狐皮云头纹风雪帽

民国

缎、皮

长47厘米　高34厘米

内蒙古自治区锡林郭勒盟征集

男子冬季服饰

棕色团花缎皮袍

民国
缎、皮
身长133厘米　两袖通宽220厘米
内蒙古自治区锡林郭勒盟征集

饰银皮带

红织锦缎龙纹拼袖袍

清

缎

身长136厘米　两袖通宽210厘米

内蒙古自治区锡林郭勒盟征集

蓝樟缎绒鹤纹皮袍

清
缎、皮
身长140厘米　两袖通宽220厘米
内蒙古自治区锡林郭勒盟征集

黑团花缎夹袍

民国
缎
身长136厘米　两袖通宽190厘米
内蒙古自治区锡林郭勒盟征集

香牛皮云纹靴

清
皮
底长40厘米　底宽12厘米　高42厘米
原件征集于内蒙古自治区锡林郭勒盟

绣花靴套

民国
皮
底长35厘米　底宽10厘米　高43厘米
原件征集于内蒙古自治区锡林郭勒盟

二　女子服饰

银镀金嵌宝石头饰

清
银、宝石
长31厘米　头围径15厘米
内蒙古自治区锡林郭勒盟征集

银镀金嵌宝石耳饰

清

银、宝石

长37厘米　宽3.8厘米

内蒙古自治区锡林郭勒盟征集

宝石珠链项饰

清
宝石
长31厘米
内蒙古自治区锡林郭勒盟征集

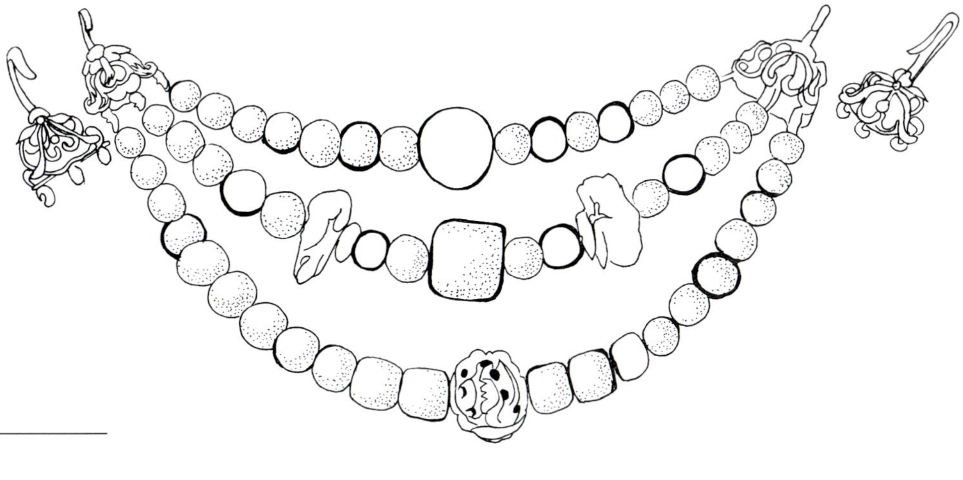

珊瑚巧做项饰

清
宝石
长31厘米
原件征集于内蒙古自治区锡林郭勒盟

女子头带

女子服饰

红缎双喜纹马蹄袖皮袍

清
缎、皮
身长118厘米　两袖通宽180厘米
内蒙古自治区锡林郭盟征集

绿缎拼袖袍服

清
缎
身长125厘米　两袖通宽160厘米
内蒙古自治区锡林郭勒盟征集

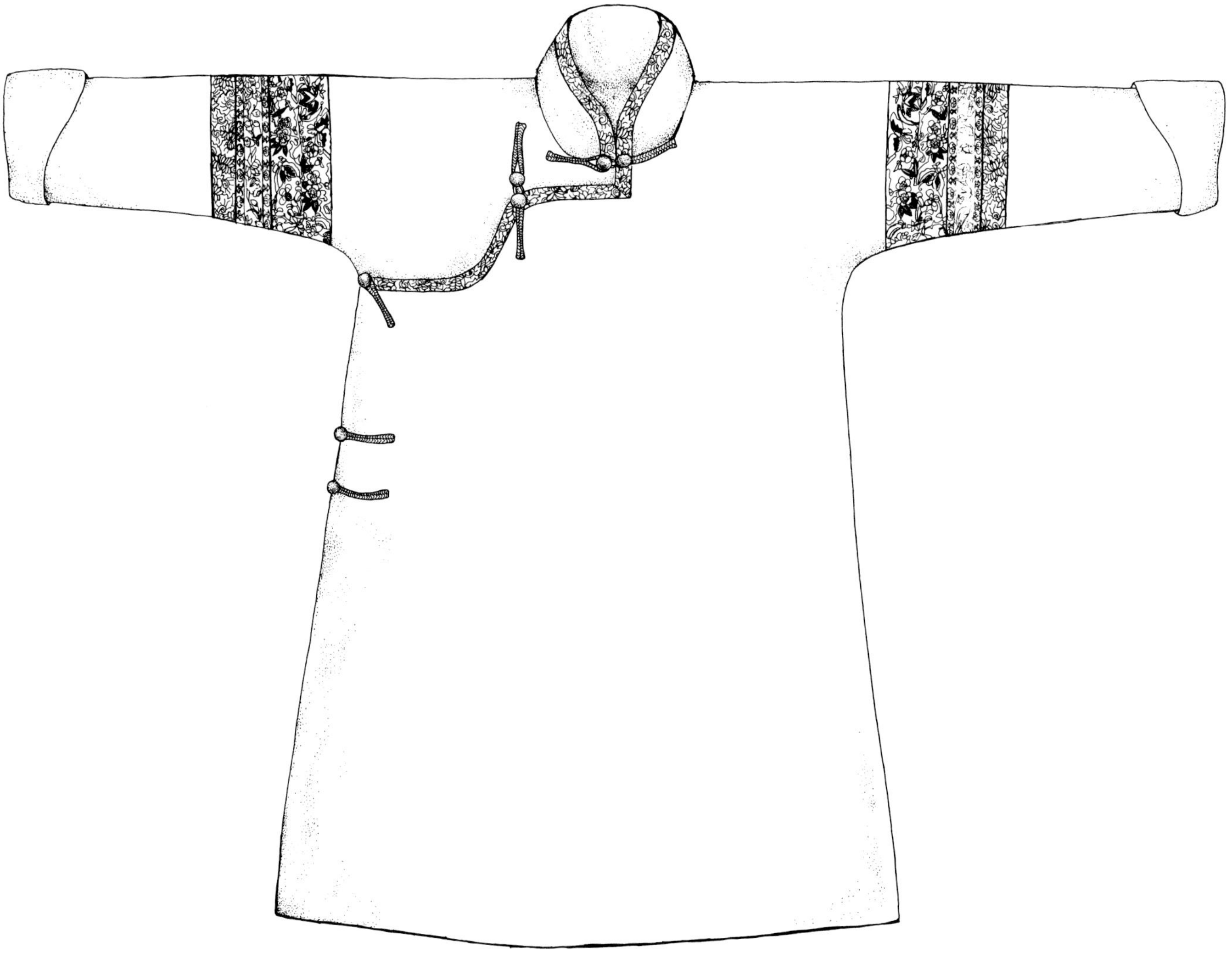

前

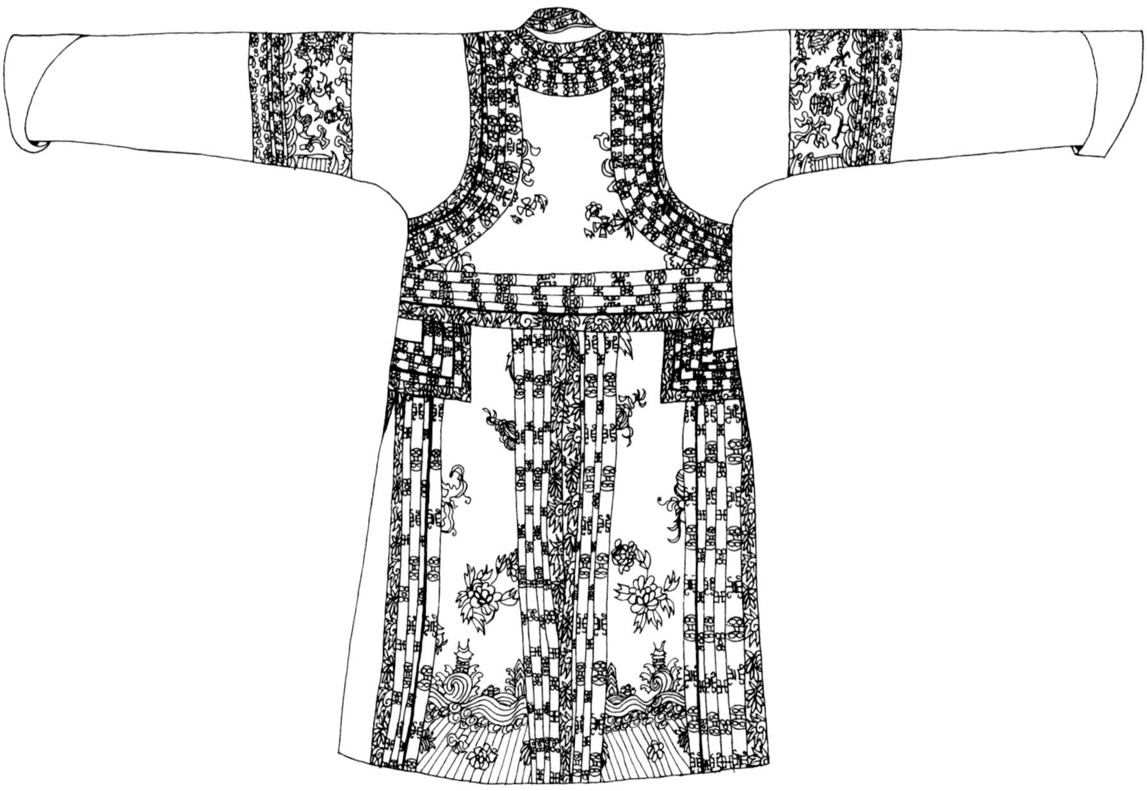

后

深蓝缎绣牡丹花长坎肩

清

缎

身长123厘米　肩宽35厘米

内蒙古自治区锡林郭勒盟征集

局部

黑缎镶边绣花长坎肩

清

缎

身长 130 厘米　肩宽 48 厘米

内蒙古自治区锡林郭勒盟征集

红缎拼袖女袍

清
缎
身长120厘米　两袖通宽240厘米
内蒙古自治区锡林郭勒盟征集

香牛皮云纹靴

清
皮
底长35厘米　底宽10厘米　高38厘米
原件征集于内蒙古自治区锡林郭勒盟

陆 苏尼特部落服饰

苏尼特部在成吉思汗统一蒙古之前就和浩里布里亚特一起游牧于贝加尔湖东南一带。成吉思汗统一蒙古后，因苏尼特战功显著，直接隶属成吉思汗管辖的鄂托克。忽必烈即位后，苏尼特隶属于岭北行省的察哈尔万户，与奈曼、乌珠穆沁部一起游牧于漠南地区。

北元时期，达延汗孙库克齐图号所属部落为苏尼特。其长子布延珲台吉子绰尔衮居苏尼特右路，次子布尔海楚琥尔之子塔巴海达尔汗和硕齐居苏尼特东路。两路苏尼特同属于察哈尔大汗，后惧怕被察哈尔林丹汗吞并，北徙喀尔喀。

皇太极崇德四年（1639年），苏尼特东路布尔海楚琥尔之孙腾机思率领所部南迁，归附清朝。次年编为一旗，腾机思为扎萨克墨尔根多罗郡王，尚郡主，授和硕额驸。崇德三年（1638年）西路台吉尔衮之子叟塞率部归附清朝，移居漠南。崇德七年（1641年）编为一旗，称苏尼特右旗，叟塞为扎萨克多罗郡王，世袭罔替，俗称西苏尼特。腾机思所领的旗改称为苏尼特左旗，俗称东苏尼特。

苏尼特二旗位于锡林郭勒盟西部。左旗东接阿巴嘎右旗（今阿巴嘎旗西部），南接察哈尔正白旗和镶白旗，西与苏尼特右旗（今苏尼特右旗及二连浩特市）接壤，北同喀尔喀土谢图汗部毗连，大体相当于今天的苏尼特左旗。苏尼特右旗东接苏尼特左旗，南接镶黄旗察哈尔，西与四子部落接壤，北与喀尔喀土谢图汗交界，大体相当于今苏尼特右旗和二连浩特市。

苏尼特男子冬季戴圆顶立檐帽和风雪帽，夏季多戴礼帽。

苏尼特长袍肥大而无开衩，靠近察哈尔地区的则有穿开裾长袍的习俗。冬季，苏尼特男子多穿皮袍，其中多为吊面皮袍。春秋穿缝线明显的棉特尔力克和吊面羔皮袍。夏季穿单、夹长袍，称特尔力克。苏尼特男子各种长袍均镶窄条单道或双道沿边，长袍垂襟上不镶边。长袍均钉单道扣襻，扣子以铜、银为多。面料多为蓝、深蓝和青色布帛。男子系腰带宽而靠下腰，上提袍子为美。马褂和坎肩是男子的礼服，苏尼特男子以前有穿巴图鲁坎肩的习惯，后来多穿对襟坎肩。

冬季，苏尼特男子穿皮裤，春秋季节穿单、夹裤，外加套裤。他们的靴子分大翘尖靴、圆头靴，冬天穿皮靴套毡袜。皮靴有美丽的靴边。

苏尼特男子佩戴蒙古刀、火镰等装饰品。他们在腰带右边挎一“图海”，其下挂蒙古刀，左边“图海”下挂火镰；左前侧腰带悬褡裢、烟荷包，右前侧腰带还挎碗袋等。男子在左手拇指和无名指上戴金银戒指，骑马时把蒙古刀挎在左后侧腰带上，忌挎前侧。

苏尼特姑娘梳独辫式封发，18岁以前留圆顶发，发辫的上下两端都有珊瑚装饰。春秋苏尼特女子戴尖顶立檐帽，立檐上一般钉羔皮，富有的人钉狐狸皮或貂皮、水獭皮。夏季女子罩粉、绿、白、淡蓝色绸缎头巾。姑娘缠头巾不封顶，右侧打结垂穗至肩，媳妇缠头巾则封顶不打结。

已婚女子戴全套头饰，头发分梳成左右两条辫子，垂于胸前。苏尼特已婚女子全套头饰由发夹（含搭尔嘎即挂坠子的横搭子）、坠子、坠连、额箍等组成。含搭尔嘎是搭在头顶上的搭带，搭带本身用绸缎制作，上边镶有三块半球形珊瑚的银顶子，银顶子两头各有挂坠子的小环。坠子有金、银两种，白昼须整日佩戴，只有失去男人和亲人的女子停戴49天，以示哀悼。额箍是女子头饰中最尊贵的装饰部分，这种装饰只在逢年过节或在喜庆节日佩戴。

苏尼特男女长袍式样基本一致，女子长袍比男子长袍略长一些，长袍垂襟和袖口上不镶边。长袍按季节分为吊面皮袍、吊面羔皮袍、棉袍、单、夹袍等。已婚女子多穿以淡蓝、淡青和绿色布帛为面料的有“套海布其”（袖箍）的长袍。套海布其宽约四指，要用与长袍面料不同色的布帛或绦子制作。姑娘长袍无马蹄袖，多以粉色布帛为面料。但老年女子和做家务的女子一般不系腰带。苏尼特女子均系腰带，腰带窄而靠上腰，以贴身为美。

苏尼特姑娘穿大襟短坎肩，称“敖吉木格”，已婚女子则穿长坎肩称“敖吉”。苏尼特姑娘左手中指戴戒指，胸前戴银佛，右大襟口戴精制的针线包和银质牙签。已婚女子在敖吉左右腰侧挎用白银和珊瑚制作的精美孛勒。已婚女子则在长坎肩腋下悬的银质孛勒上挂针线包和银质垂饰，还要带一种元宝形鼻烟壶袋。

苏尼特女子靴子也有大翘尖皮靴、圆头皮靴、布靴等。冬季，苏尼特女子多穿棉裤，春秋季节均穿单、夹裤，外加装饰有美丽图案的套裤。

清代男女服饰

一　男子服饰

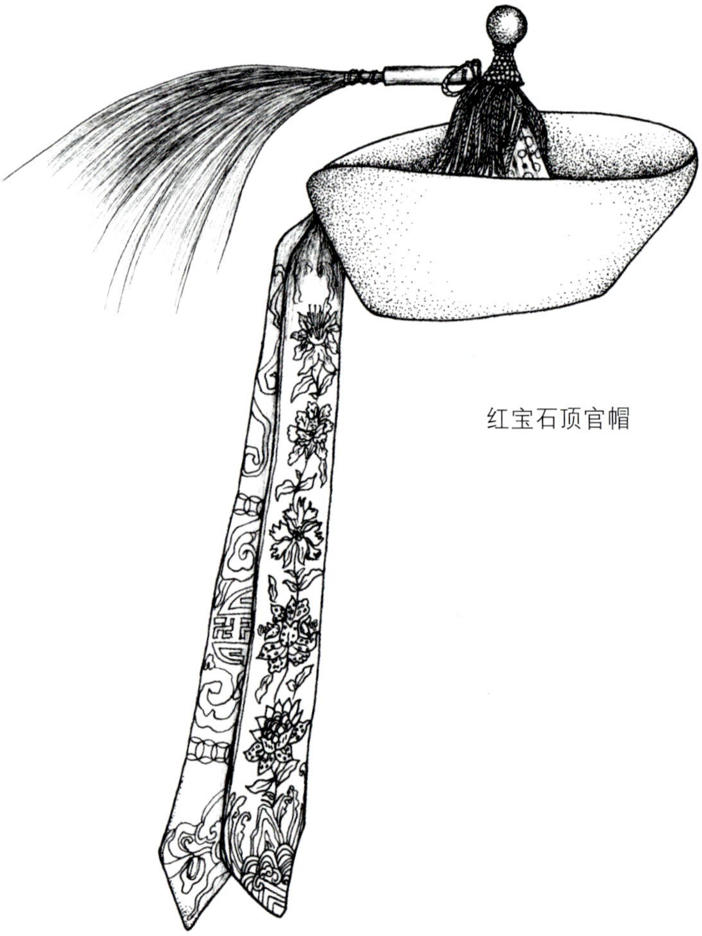

红宝石顶官帽

黄缎莲瓣纹便帽

狐皮风雪帽

民国
缎、皮
长 40 厘米　宽 30 厘米
原件征集于内蒙古自治区锡林郭勒盟

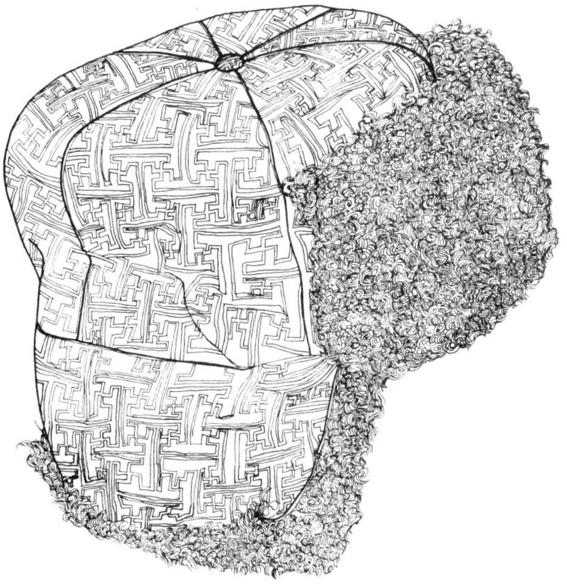

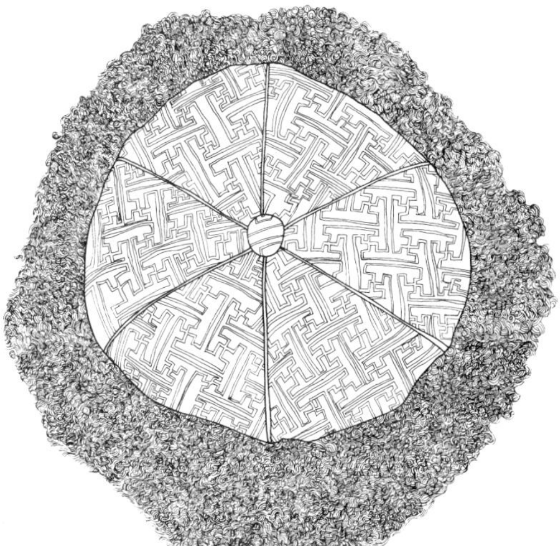

顶部

织锦缎万字纹皮帽

民国
缎、皮
高13厘米　直径20厘米
原件征集于内蒙古自治区锡林郭勒盟

顶部

黄缎立沿狐皮帽

清
缎、皮
高15厘米　直径22厘米
原件征集于内蒙古自治区锡林郭勒盟

清代男子服饰

局部图案

黑缎团花纹袍

清

缎

身长135厘米　两袖通宽180厘米

原件征集于内蒙古自治区锡林郭勒盟

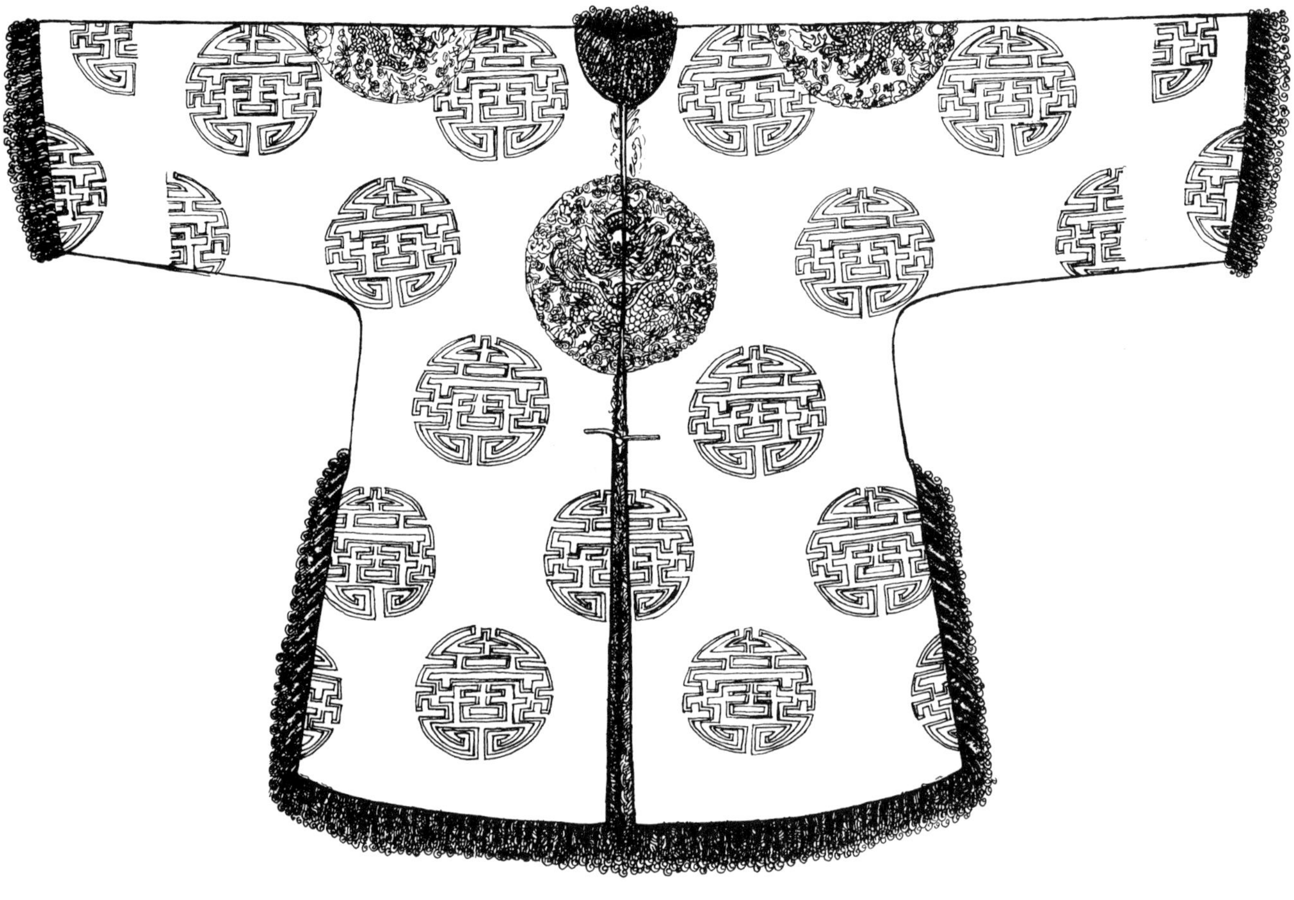

前

黑团寿纹缎皮袍

清

缎、皮

身长110厘米　两袖通宽180厘米

原件征集于内蒙古自治区锡林郭勒盟

后

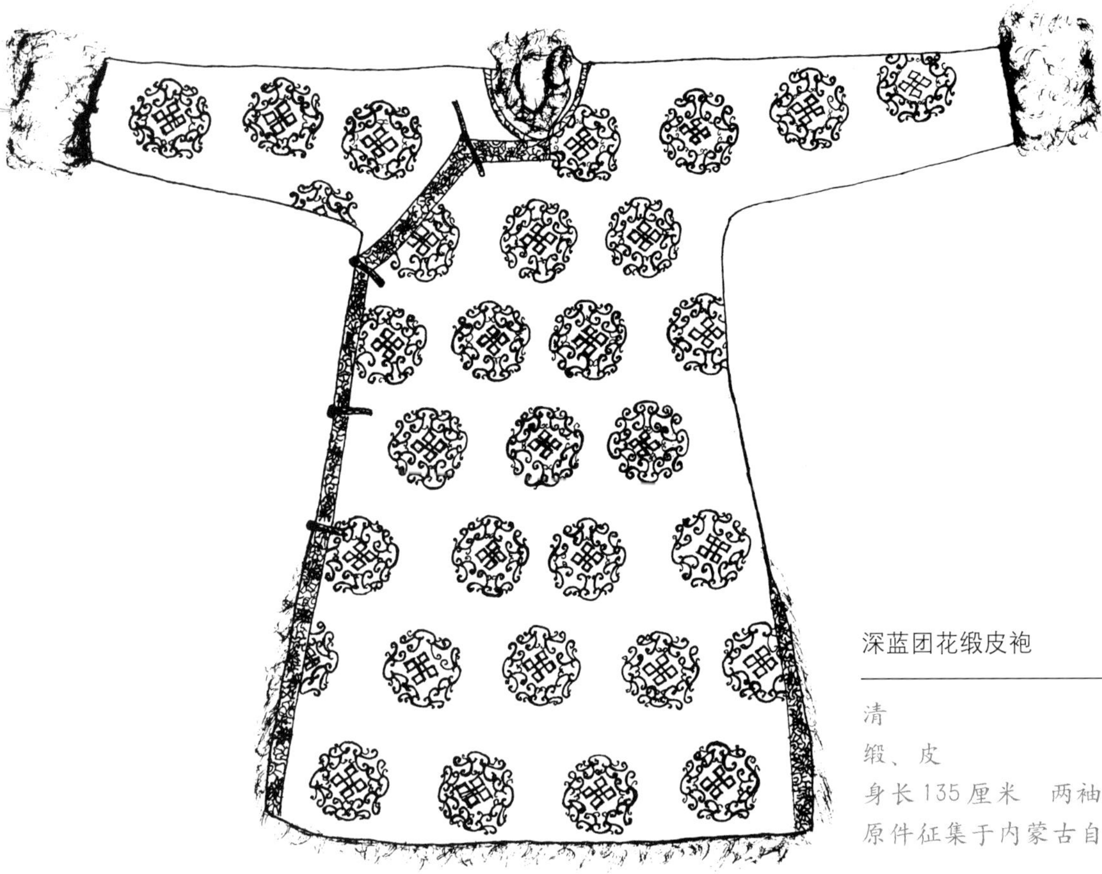

深蓝团花缎皮袍

清
缎、皮
身长135厘米　两袖通宽190厘米
原件征集于内蒙古自治区锡林郭勒盟

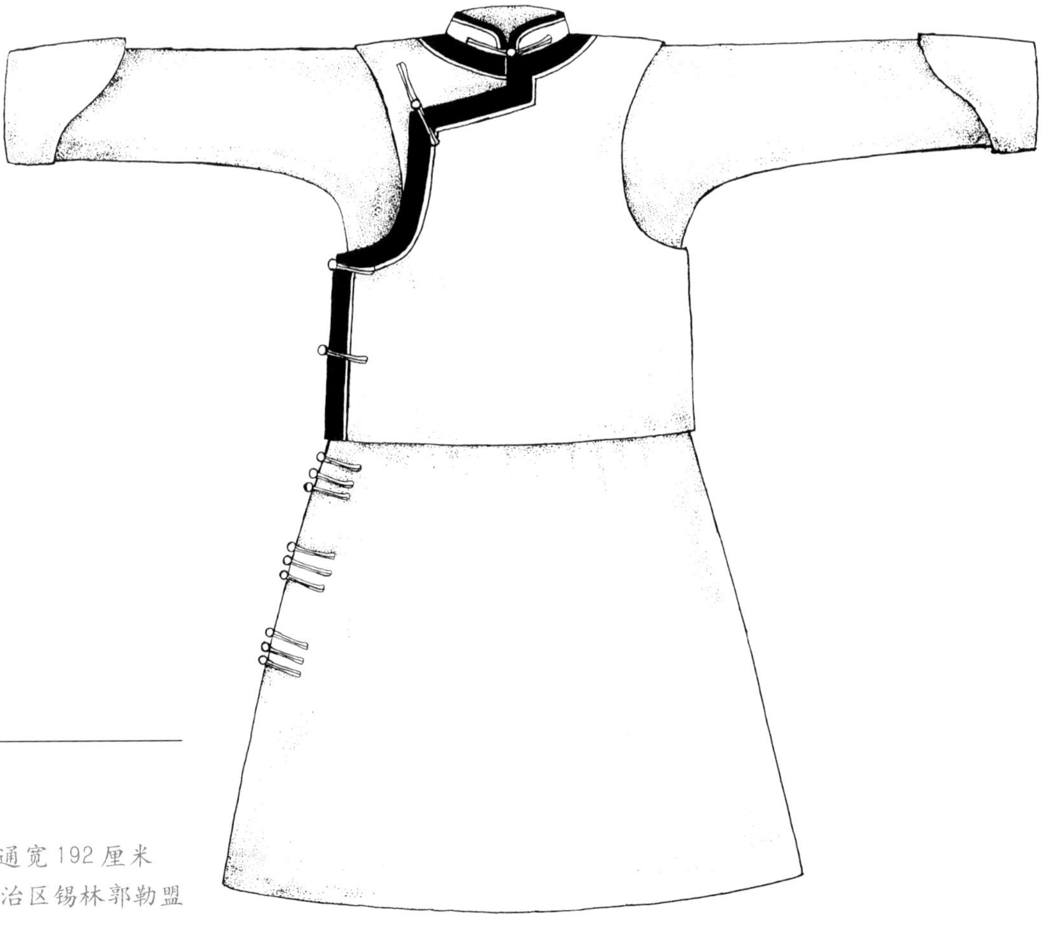

深蓝缎皮袍及镶边坎肩

清
缎、皮
身长132厘米　两袖通宽192厘米
原件征集于内蒙古自治区锡林郭勒盟

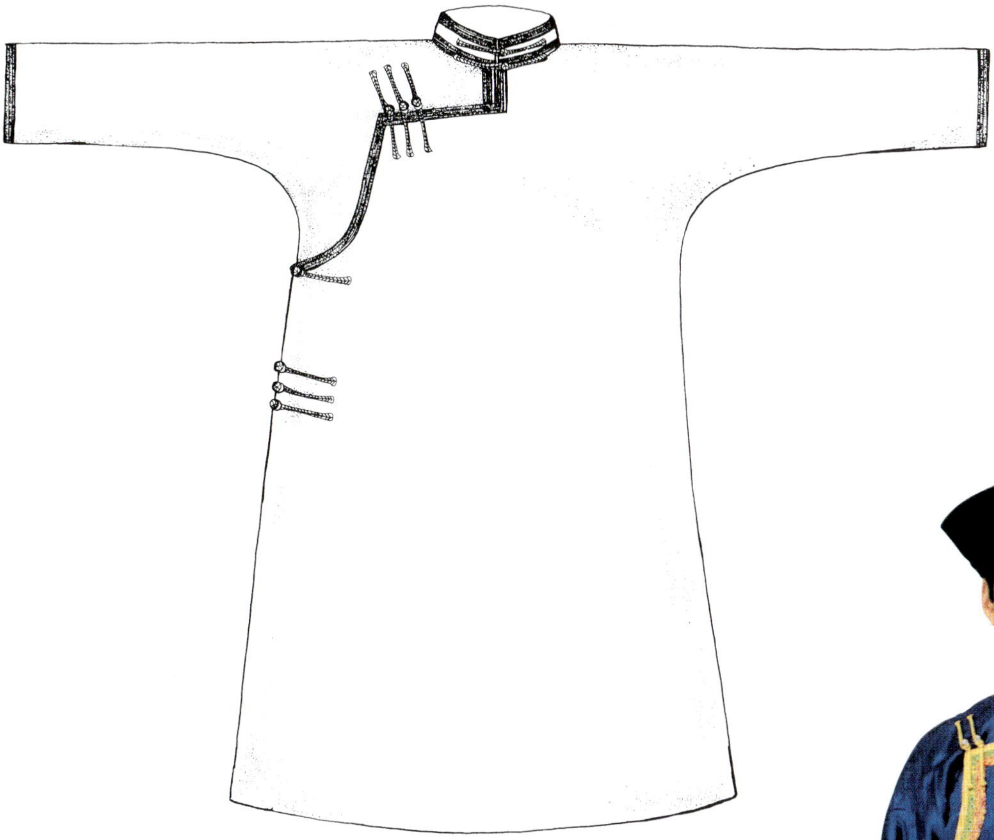

古铜缎镶边袍

清
缎
身长136厘米　两袖通宽188厘米
原件征集于内蒙古自治区锡林郭勒盟

男子服饰

紫团花缎右衽坎肩

清
缎
身长68厘米　肩宽48厘米
内蒙古自治区锡林郭勒盟苏尼特右旗征集

清代服饰

清代男子服饰

香牛皮云纹靴

民国

皮

底长38厘米　底宽12厘米　高40厘米

原件征集于内蒙古自治区锡林郭勒盟苏尼特

二　女子服饰

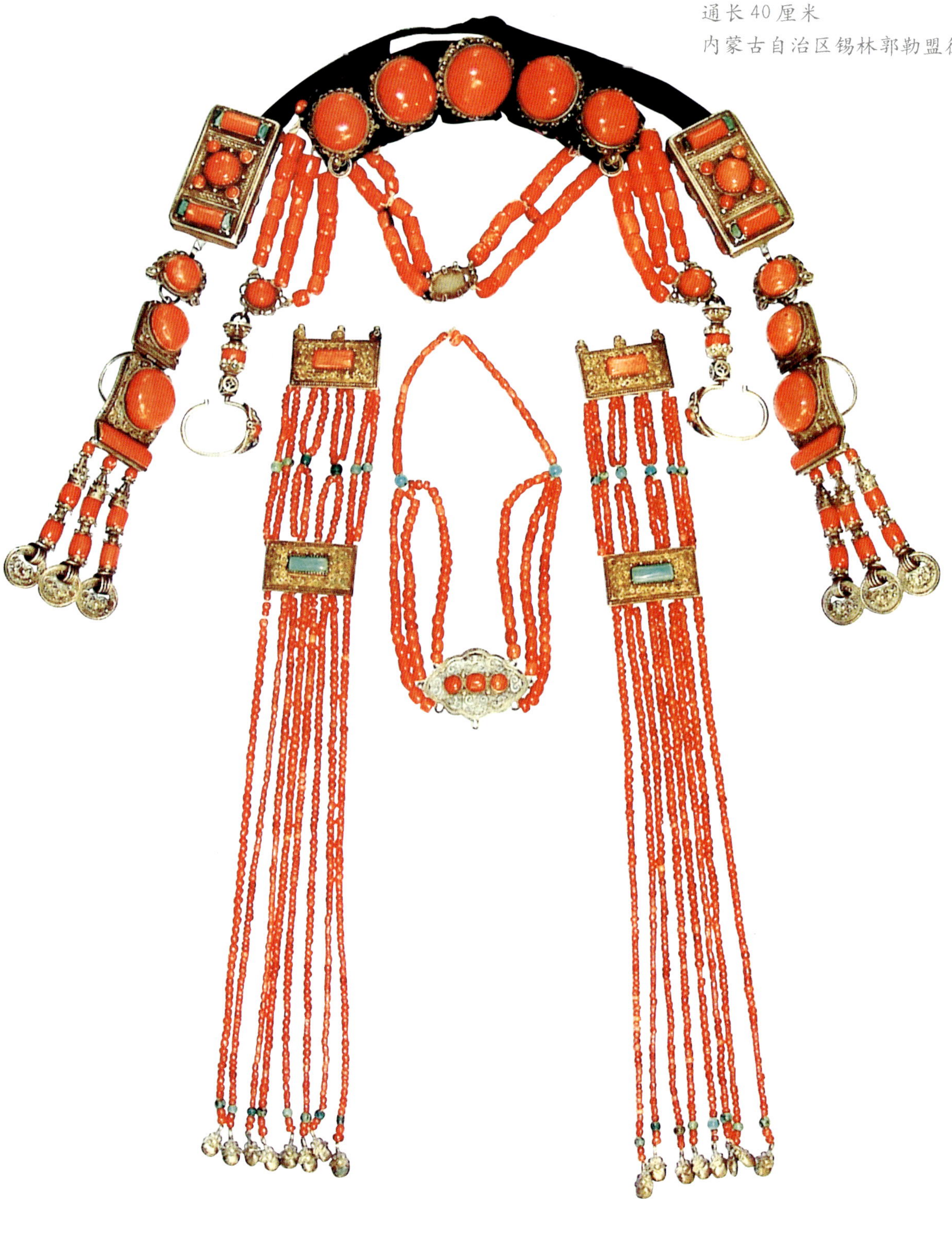

银镶宝石头饰

清

银、宝石

通长40厘米

内蒙古自治区锡林郭勒盟征集

银镶宝石头饰

清
银、宝石
通长60厘米　直径18厘米
内蒙古自治区锡林郭勒盟征集

清代女子头饰

清代女子头饰

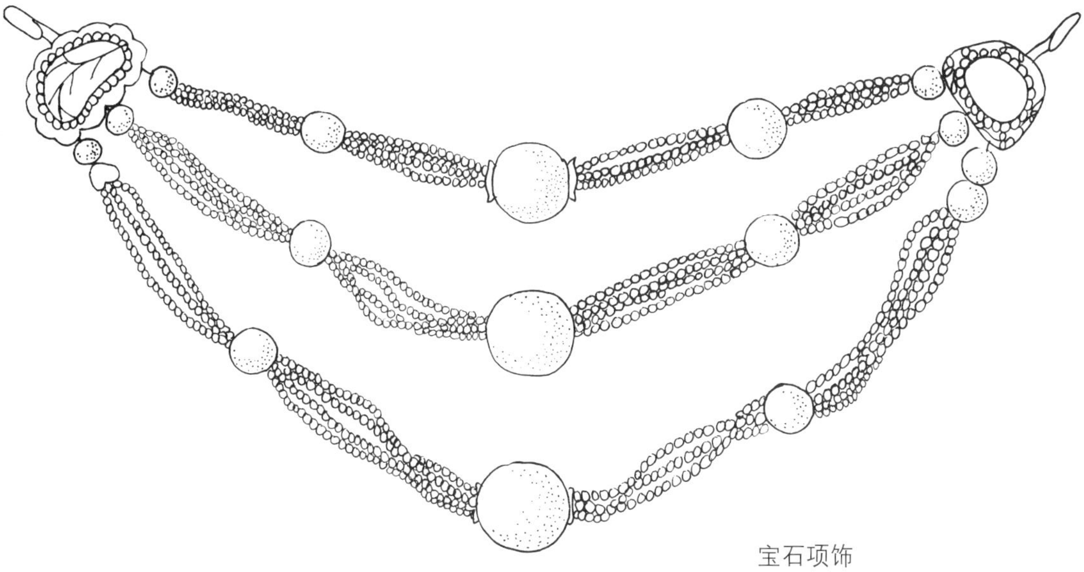

宝石项饰

清
宝石
通长25厘米
原件征集于内蒙古自治区锡林郭勒盟

清代服饰

银镶宝石耳饰

清

银、宝石

通长40厘米　宽8厘米

内蒙古自治区锡林郭勒盟征集

局部

银镶宝石胸挂饰

清

银、宝石

通长30厘米　直径8厘米

内蒙古自治区锡林郭勒盟征集

紫花缎镶边坎肩

清

缎

身长 127 厘米　肩宽 32 厘米

内蒙古自治区锡林郭勒盟苏尼特征集

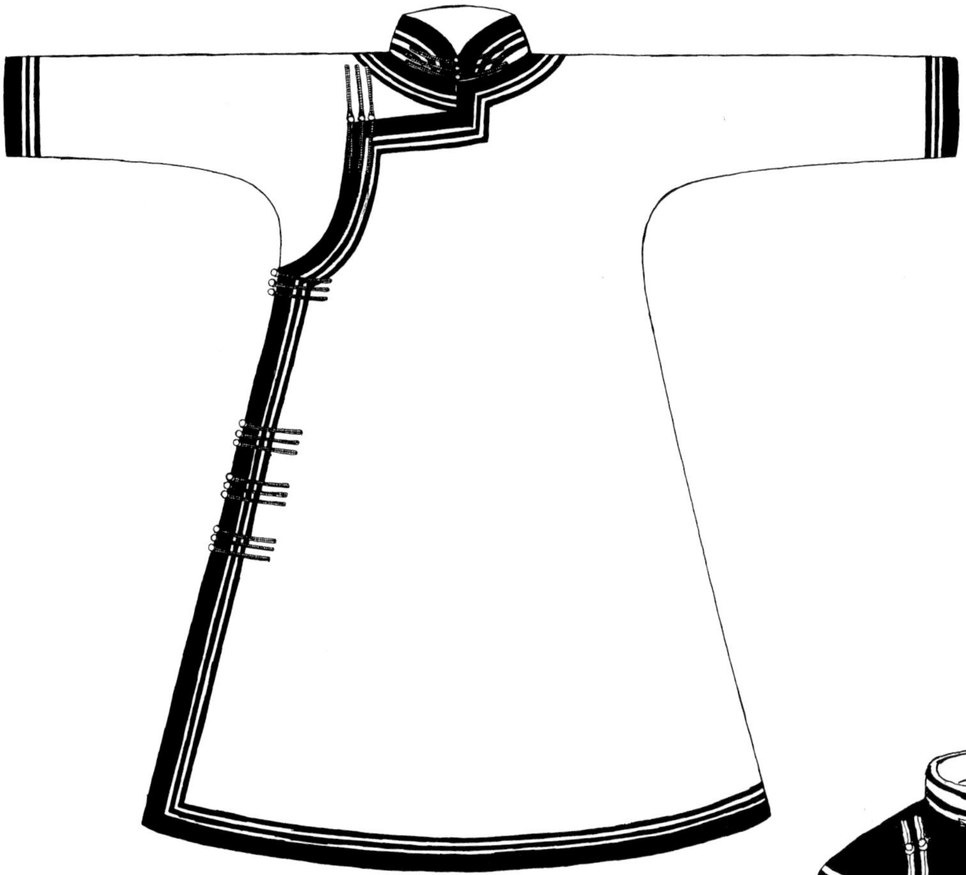

青布镶边袍

清

布

身长133厘米　两袖通宽150厘米

原件征集于内蒙古自治区锡林郭勒盟苏尼特右旗

蓝缎镶黑绒边棉袍

清

缎

身长125厘米　两袖通宽160厘米

原件征集于内蒙古自治区锡林郭勒盟苏尼特右旗

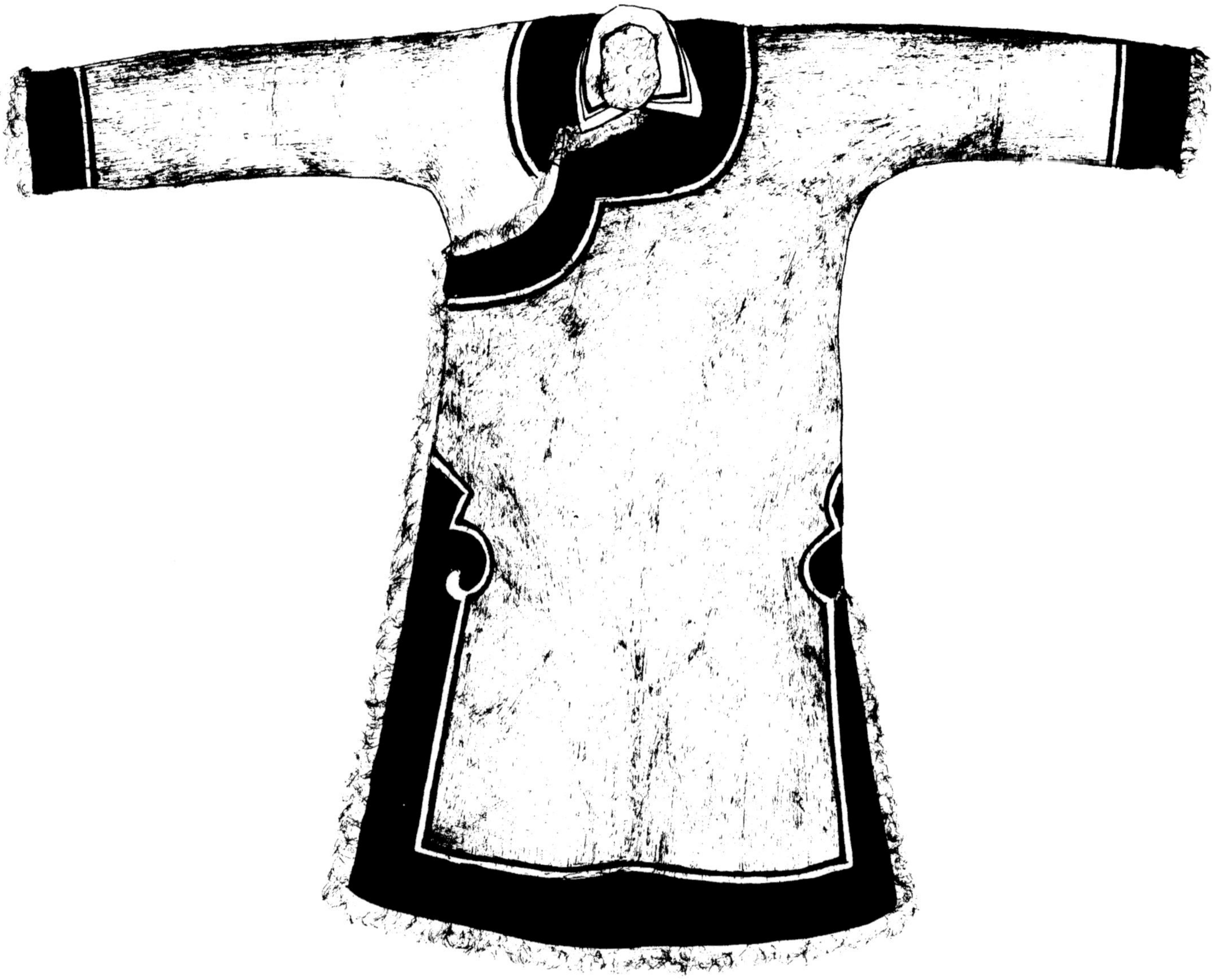

镶黑绒云纹皮袍

清

绒、皮

身长 140 厘米　两袖通宽 188 厘米

原件征集于内蒙古自治区锡林郭勒盟

清代服饰

清代女子服饰

三　儿童服饰

清代儿童服饰

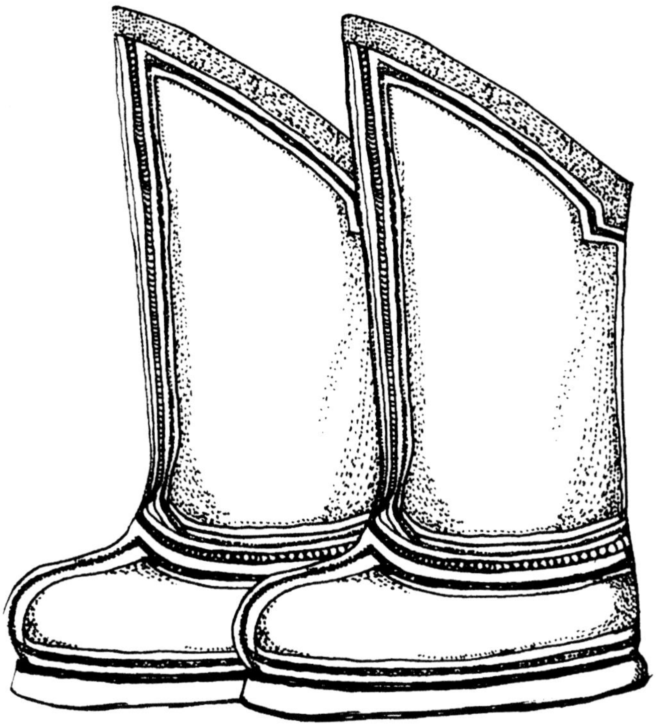

香牛皮儿童靴

民国
皮
底长22厘米　底宽8厘米　高25厘米
原件征集于内蒙古自治区锡林郭勒盟苏尼特右旗

香牛皮云纹靴

民国
皮
底长22厘米　底宽8厘米　高25厘米
原件征集于内蒙古自治区锡林郭勒盟苏尼特右旗

柒 乌珠穆沁部落服饰

乌珠穆沁系蒙古语。13世纪初，生活在新疆北部阿尔泰山脉的乌珠穆沁查干莎拉等地的维拉特人，每逢金秋时节总要采集野生葡萄酿酒，庆贺丰收，生活在这里的部落被命名为乌珠穆沁人。1206年成吉思汗登上汗位后，陆续将领地及人户分给自己的母亲、弟弟及儿子们。按蒙古人的幼子守"炉灶"的传统，成吉思汗小儿子托雷留守父亲成吉思汗的阿尔泰山脉为主的蒙古高原中部驻帐领地及属民，当时乌珠穆沁就包括在其中。

北元时期，达延汗之孙博第阿喇克，生三子，第三子翁滚都拉尔所辖部落，开始沿用"乌珠穆沁"，以纪念他们曾在阿尔泰山脉葡萄山一带驻牧。

后金太祖（努尔哈赤）时期，乌珠穆沁部落首领翁滚都拉尔之子多尔济与林丹汗不合，率所部迁到克鲁伦河一带驻牧，依附喀尔喀。后又因漠北的蒙古部族间连年发生纷争，乌珠穆沁山下的蒙古人被迫南迁漠南。他们看中了大兴安岭以西宝格达山以南的草场，即在此驻牧下来。崇德元年（1636年）察哈尔被收服后，多尔济及侄色棱一起归附满清。崇德六年（1642年），多尔济受封为扎萨克和硕车臣亲王。顺治三年（1646年）分乌珠穆沁部为左翼和右翼两个旗，多尔济统治乌珠穆沁右翼旗，俗称西乌珠穆沁；色楞被封为扎萨克多罗额尔德尼贝勒，世袭罔替，统治乌珠穆沁左翼旗，俗称东乌珠穆沁。

乌珠穆沁右旗东接乌珠穆沁左旗，西接浩齐特左旗，南与巴林部交界，北与漠北喀尔喀车臣汗接壤。大体相当于今天的东西乌珠穆沁中部和西乌珠穆沁东部的大部分。乌珠穆沁左旗东接索伦，南接扎鲁特和阿鲁科尔沁，西和乌珠穆沁右旗接壤，北与喀尔喀车臣汗毗邻。大体相当于今天的东乌珠穆沁旗的东部和西乌珠穆沁旗的东北角。

乌珠穆沁男子冬季戴乌珠穆沁式风雪帽、劳布吉帽、圆顶立檐帽和陶尔其克帽。在春秋季和夏季戴前半檐可以上下活动的圆顶立檐帽。男子在春秋和夏季有缠头巾的习惯，头巾颜色以淡蓝色或白色为主。男子缠头巾时封顶、前后稍突起、不留穗子。

乌珠穆沁男子冬天穿熏皮长袍、吊面皮袍和棉袍。吊面皮袍和棉袍也是春秋两季穿着的主要服饰，夏季多穿白色单衫。长袍的镶边工艺有很多讲究。年轻男子的吊面皮袍和棉袍领边、领座、大襟、垂襟和开裾之缘镶五厘米宽单色库锦沿边，不用彩色装饰；中老年则镶三厘米宽青色或蓝色库锦、大青绒沿边。年轻男子白色单衫只用青色库锦镶边。男子长袍多用不同的蓝色、棕色绸缎和布缝制，依据年龄，年轻人穿亮色衣服，老年则穿深色衣服。长袍均有马蹄袖。左翼旗人所穿的熏皮袍和吊面皮袍的马蹄袖要钉白色羔皮，右翼旗人所穿的熏皮袍和吊面皮袍则钉黑色羔皮，若没有黑色羔皮可以钉白色羔皮，但必须在马蹄袖中间镶黑色羔皮补子。棉、夹长袍的马蹄袖，要用深蓝、蔚蓝、深绿色绸缎和靛蓝、蔚蓝、青色丝绒或大绒制作。

乌珠穆沁人的御寒皮袍中最有特色的是熏皮长袍，其制作考究而耐穿实用。熏皮长袍的特点是高领、肥大、无开裾。熏皮长袍有自然的烟黄色，其皮子用酸奶软化，用专用刮刀刮鞣，又用秋季马粪熏制而成，因此它具有防水、防蛀、防污和久穿不变型、不褪色等优点。

男子穿四开裾的大襟短坎肩。坎肩分礼仪性坎肩和普通坎肩，前者的面料色彩和镶边工艺比后者华丽。在喜庆节日，在长袍外套穿马褂，主要以青色、棕色绸缎为面料。腰带的颜色以蓝色、黄色、桔红、紫红绸缎为主，男子系腰带宽而靠下，上提袍，并在腰左右两侧留穗子。冬季穿烟黄色熏皮裤、吊面皮裤和棉裤，春秋则穿粉皮裤和夹裤。冬季和春秋两季加套裤。乌珠穆沁人均穿圆头香牛皮靴。天冷时，在靴子外面套穿山羊皮靴套。

乌珠穆沁男子的佩饰主要有火镰、蒙古刀、褡裢、鼻烟壶、烟袋、烟荷包、戒指等。在腰带右侧的图海上挂银鞘蒙古刀，在腰带左侧挂火镰。骑马或走路时把火镰蒙古刀别到腰后，走进蒙古包或迎接客人时悬在身前。青年人所佩带的图海、火镰、蒙古刀在质地、制作工艺方面比起中老年男子的更加华丽、别致。褡裢内装鼻烟壶，戴在腰带左前侧。男子在拇指上戴金或银质的宽戒指，在无名指戴普通金银戒指。

在乌珠穆沁未婚或已婚女子都佩戴头饰。少女在八九岁时穿耳孔，梳后垂式独辫封发，13岁戴六个穗子的银耳环，颈上要带串有珊瑚、绿松石、青金石、白玉装饰的胸饰。乌珠穆沁女子除中指外双手八个手指上均带镶有珊瑚绿松石的金银戒指，手腕上戴镶珊瑚绿松石的银手镯或玉石手镯。女子出嫁时婚礼上举行分发仪式，戴全套头饰。乌珠穆沁已婚女子的全套头饰主要由额箍、额穗子、珊瑚带、珊瑚帘、鬓垂、坠子、脑后垂饰等组成。女子结婚时开始戴孛勒。

冬季，女子也戴乌珠穆沁式风雪帽、劳布吉帽等冬帽。在春秋、夏季她们喜欢罩头巾，头巾的颜色主要有粉红、蔚蓝、翠绿、火红、乳白等，质料有布、绸、绢等。女子缠头巾时，把头巾缠绕得较高，在右鬓上挽一个小结，穗头垂及肩。

乌珠穆沁女子长袍也包括熏皮袍、吊面皮袍、棉袍、白色单衫等。与男子皮袍不同的是女子所穿的长袍镶边装饰精细、复杂。女式熏皮袍的领座、大襟、垂襟和下摆之缘镶10厘米青色大绒沿边，并在其内缘镶彩条装饰，在外缘处加三色库锦窄条滚边，在滚边的外缘缝微露白毛的羔皮贴边。女子长袍多采用红色、粉色、绿蓝色等带金银图案的绸缎。她们的吊面皮袍和棉袍镶由三四种颜色库锦组成的12厘米宽沿边，并在每一色沿边之间镶彩条装饰，此外，在开裾上角用各种彩线绣祥云或平形的吉祥图案。女子白色单衫也镶三、四种色的库锦和金银彩条组成的沿边。

乌珠穆沁女子坎肩的长短不一，姑娘穿的有四开裾的大襟短坎肩，已婚女子穿的对襟长坎肩。在乌珠穆沁，女子服饰中能够区分其婚否的是吊面皮袍和棉袍袖子的装饰。已婚女子的袖子从肘部以下用不同颜色面料拼制，并在袖口用四色库锦镶宽沿边。乌珠穆沁女子腰带窄而靠上，以贴身为美。腰带颜色以蔚蓝、翠蓝、黄绿、橘红、紫红、黄褐色绸缎为主。

男女已婚服饰

一　男子服饰

局部

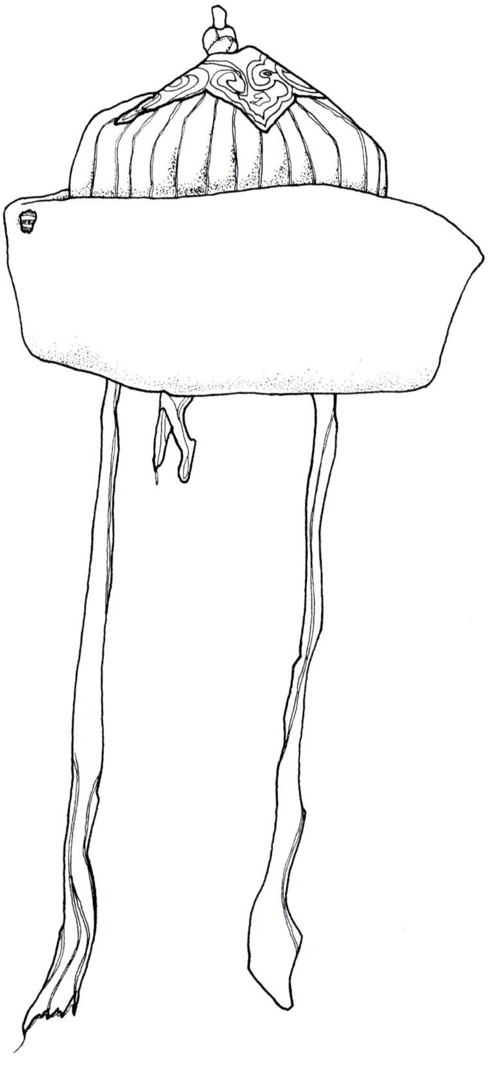

黑缎狐皮红缨帽

民国
缎、皮
长 35 厘米　高 30 厘米
原件征集于内蒙古自治区锡林郭勒盟乌珠穆沁旗

紫缎黑绒立沿男帽

清
缎、绒
高 14 厘米　直径 20 厘米
原件征集于内蒙古自治区锡林郭勒盟乌珠穆沁旗

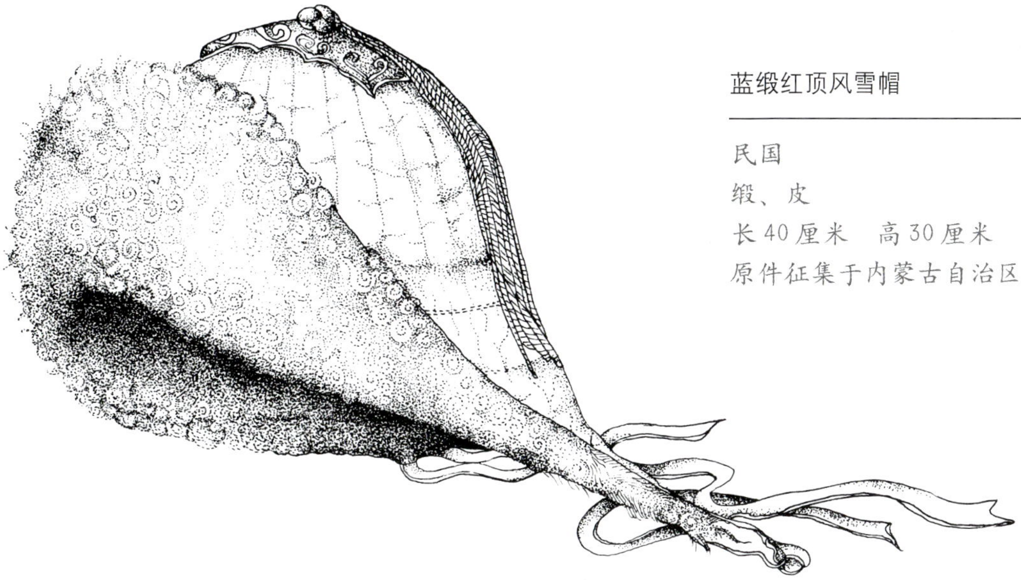

蓝缎红顶风雪帽

民国
缎、皮
长40厘米　高30厘米
原件征集于内蒙古自治区锡林郭勒盟乌珠穆沁旗

蓝缎红顶风雪帽

薰羊皮镶边袍

民国
皮
身长142厘米　两袖通宽200厘米
内蒙古自治区锡林郭勒盟乌珠穆沁旗征集

局部

男子冬季服饰

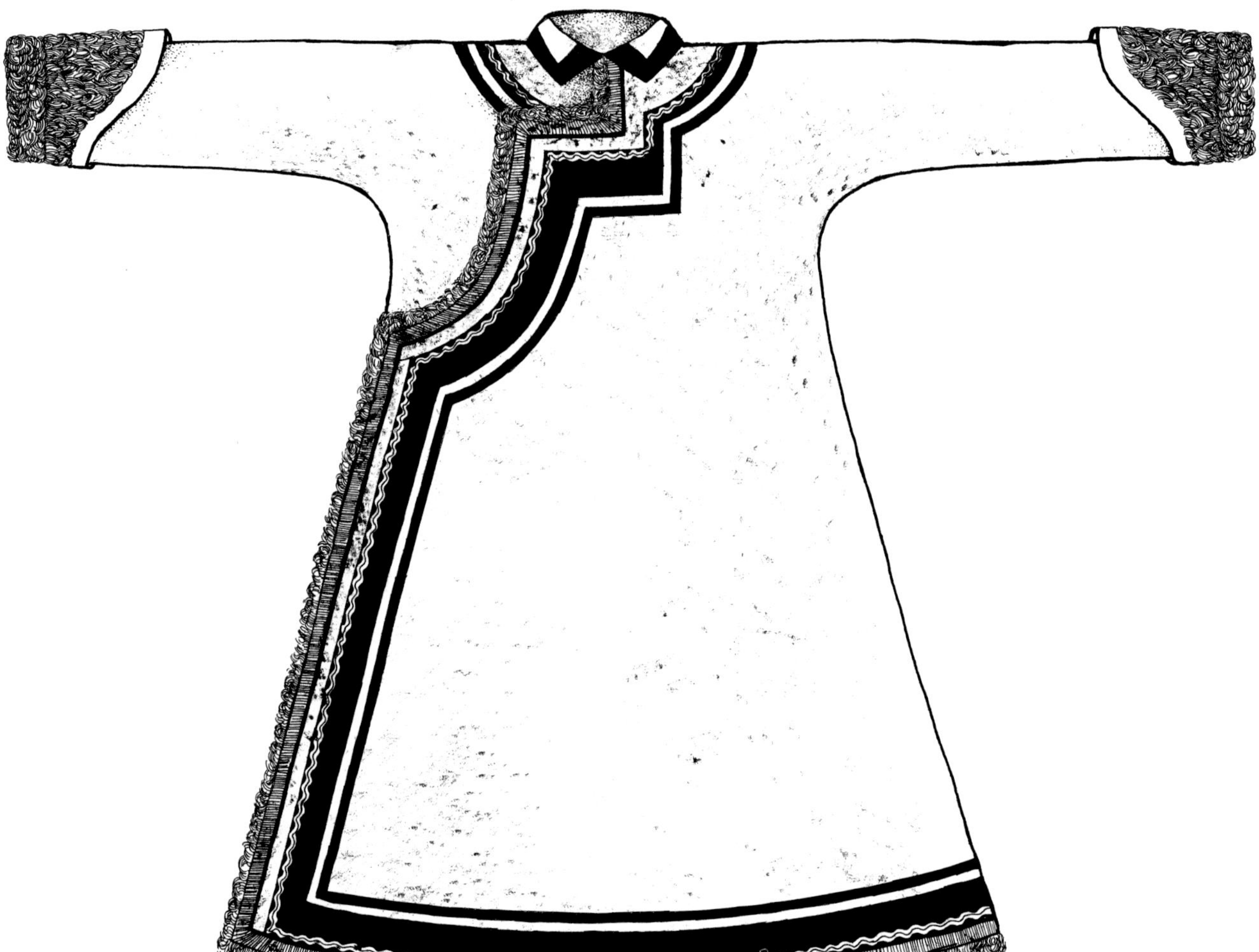

薰羊皮镶边袍

民国
皮
身长142厘米　两袖通宽195厘米
原件征集于内蒙古自治区锡林郭勒盟乌珠穆沁旗

蓝团花缎袍及坎肩

民国

缎

身长142厘米　两袖通宽200厘米

原件征集于内蒙古自治区锡林郭勒盟乌珠穆沁旗

男女冬季服饰

男子冬季服饰

男子夏季服饰

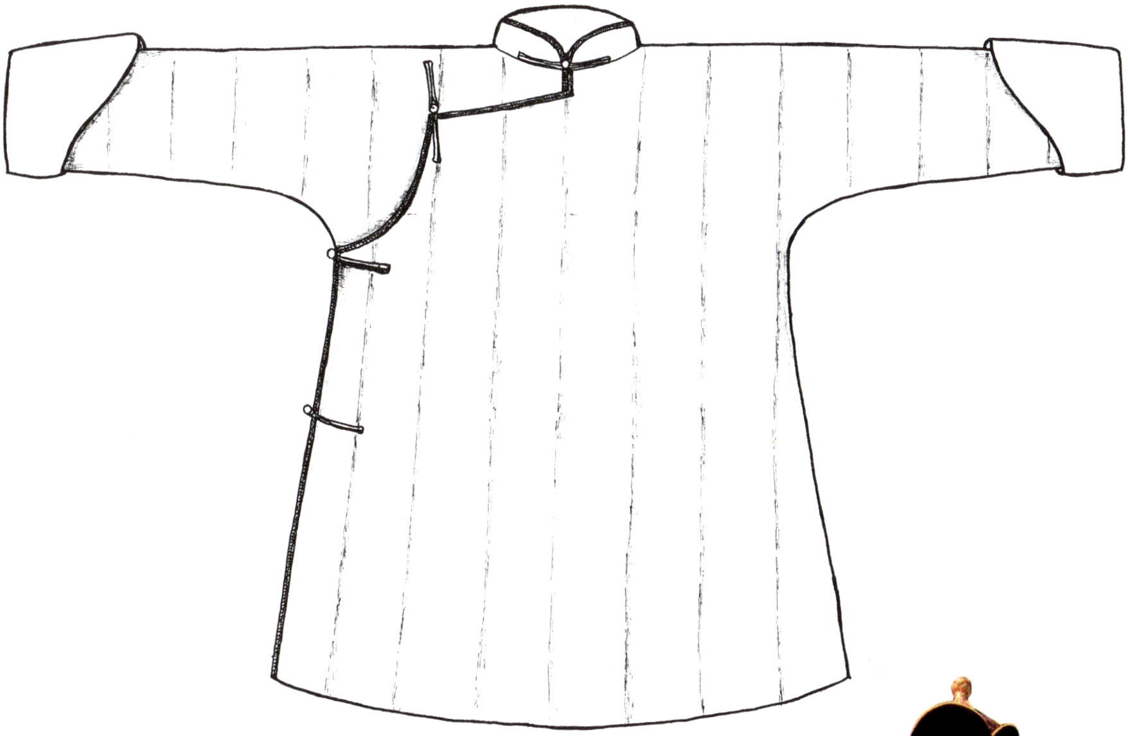

蓝缎棉袍

民国
缎
身长138厘米　两袖通宽190厘米
原件征集于内蒙自治区锡林郭勒盟乌珠穆沁旗

男子夏季服饰

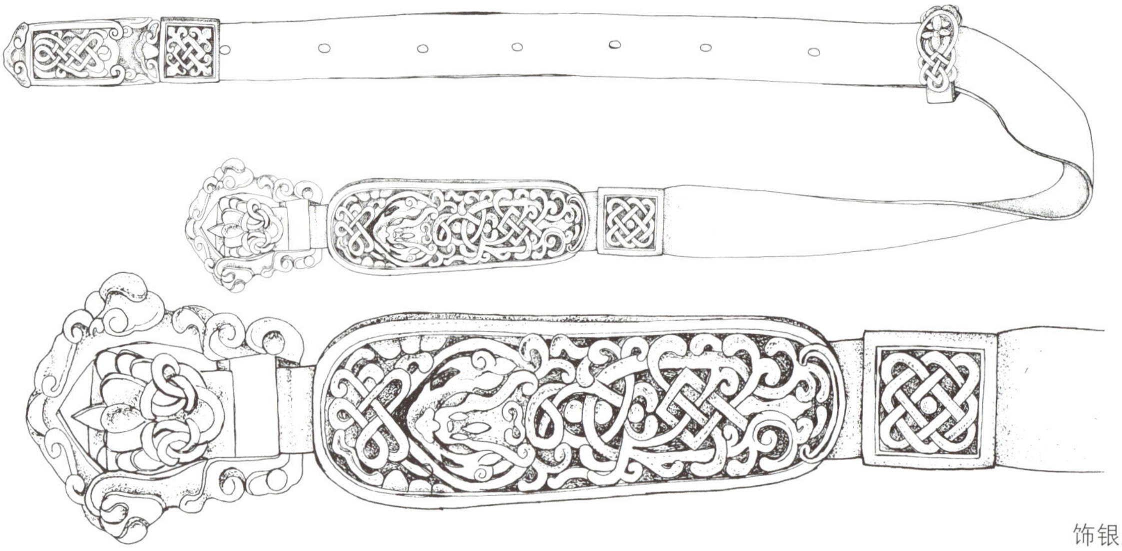

饰银皮带

男子夏季服装

香牛皮云纹靴

清
皮
底长40厘米　底宽9厘米　高40厘米
原件征集于内蒙古自治区锡林郭勒盟
西乌珠穆沁旗

白布镶皮边棉靴套

民国
布
底长38厘米　高45厘米
原件征集于内蒙古自治区锡林郭勒盟
西乌珠穆沁旗

二　女子服饰

盘肠纹银饰件

如意纹银饰件

已婚女子头饰

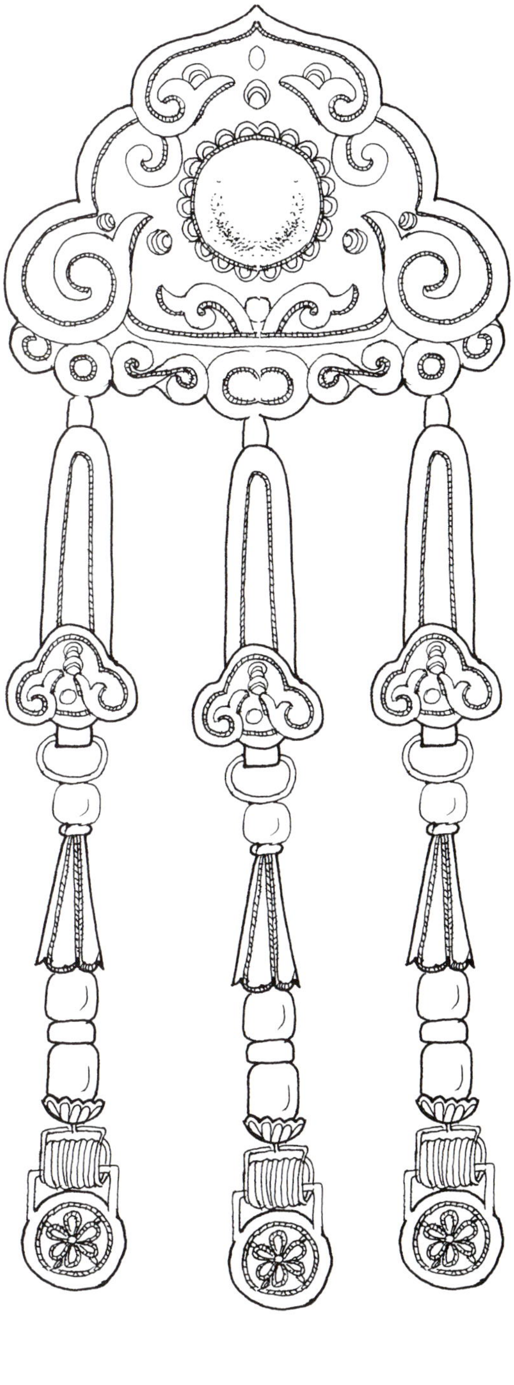

云头纹银挂饰

女子头饰

女子辫饰

银镶珊瑚辫饰

清末

银、珊瑚

长 15 厘米　宽 30 厘米

原件征集于内蒙古自治区锡林郭勒盟

鬓侧饰

已婚女子头饰

清代女子服饰

清代服饰

女子夏季服饰

未婚女子服饰

黑缎镶边坎肩

清

缎

长130厘米　肩宽40厘米

内蒙古自治区锡林郭勒盟乌珠穆沁旗征集

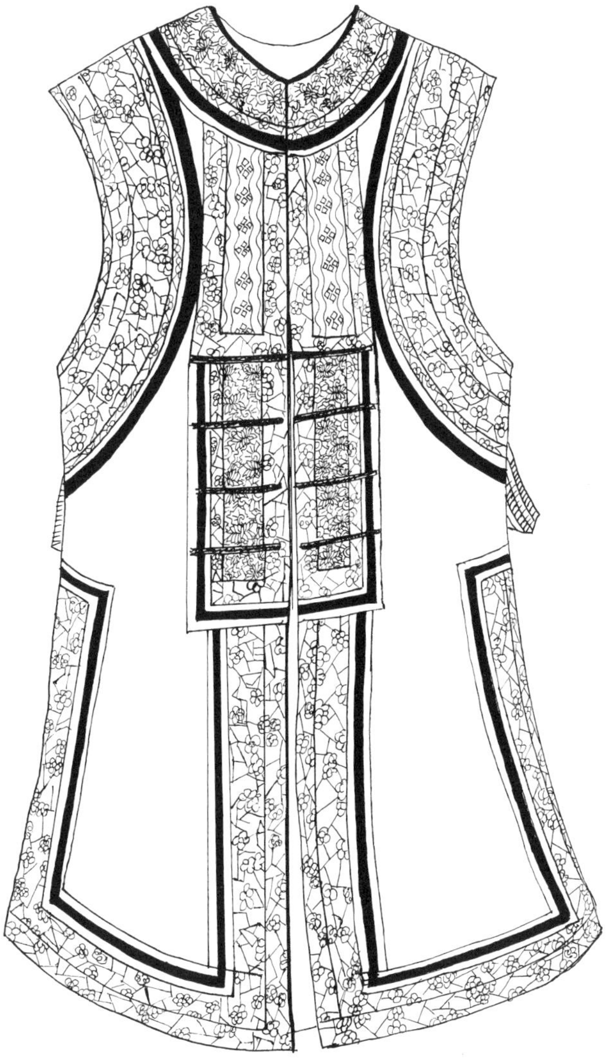

前

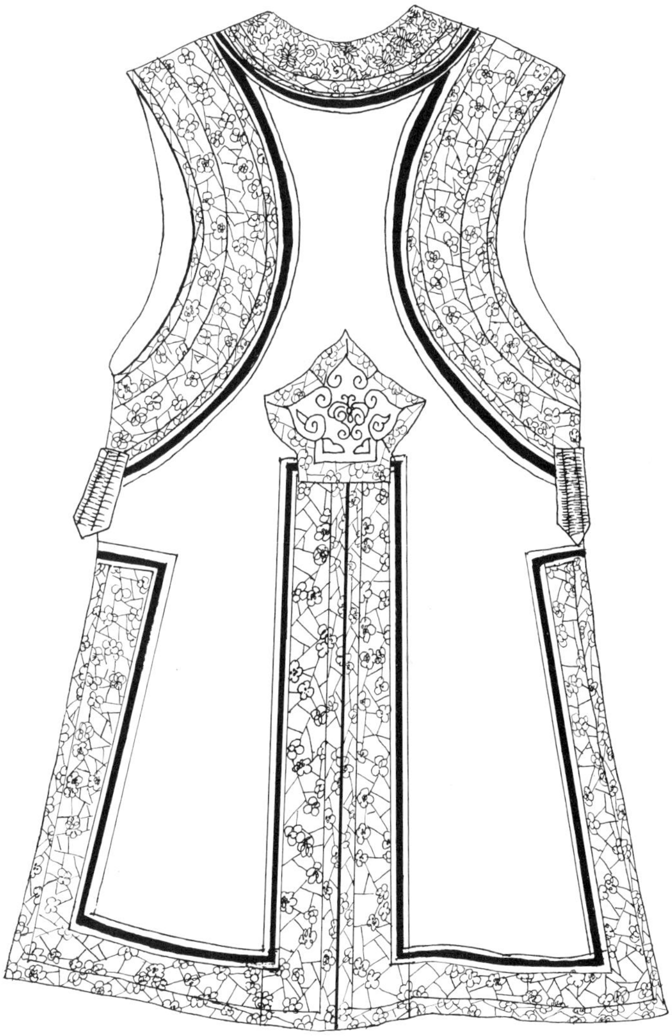

后

白布镶边女子袍

民国
布
身长124厘米　两袖通宽140厘米
内蒙古自治区锡林郭勒盟乌珠穆沁旗征集

黑织锦缎凤纹坎肩

女子冬季服饰

镶牛皮补绣盘肠卷云纹靴

清
皮
底长38厘米　底宽10厘米　高36厘米
内蒙古自治区锡林郭勒盟征集

三　老人与儿童服饰

老年服饰

清代老年女子侧挂饰

老年、儿童冬季服饰

老年服饰

儿童服饰

清代男女服饰

男女夏季服饰

捌 鄂尔多斯部落服饰

"鄂尔多"最初是指成吉思汗统一蒙古后所住的大帐。成吉思汗时期负责守护大汗"鄂尔多"的人很多，他们来自不同的蒙古部落，均围绕"鄂尔多"驻牧于肯特山到杭爱山一带。后来人们根据他们特殊身份称之为"鄂尔多斯"，就是"守护宫殿者"的意思。成吉思汗去世后，他们成了祭祀成吉思汗陵寝的专职群体，代代相传守护着大汗陵寝，形成一个独立的部落。

北元时，达延汗重新统一蒙古后分为六个万户，由功臣及儿子管辖。达延汗派他的三儿子巴尔斯博罗特管领右翼三万户，亦为鄂尔多斯万户之主。此时鄂尔多斯部在河套地区取得了稳固地位。1532年，巴尔斯博罗特长子衮必力克墨尔根袭封为济农，其九子中长子诺延达喇，于1560年袭封为济农，其余八子分领鄂尔多斯万户内的35个"鄂托克"，继续掌管鄂尔多斯地区，至明末属察哈尔部。1634年蒙古察哈尔林丹汗败亡，其属部相继依附后金。天聪九年（1635年）鄂尔多斯济农博硕克图（衮必力克墨尔根曾孙）之子额璘臣率属众归附后金。

清顺治六年（1649年），清政府在蒙古地区开始推行蒙古盟旗制。鄂尔多斯部被划分为六个旗，设六个扎萨克，汇于伊克昭盟。当时的六个旗是：鄂尔多斯左翼中旗（郡王旗）、鄂尔多斯左翼前旗（准格尔旗）、鄂尔多斯左翼后旗（达拉特旗）、鄂尔多斯右翼中旗（鄂托克旗）、鄂尔多斯右翼前旗（乌审旗）、鄂尔多斯右翼后旗（杭锦旗）。后在乾隆年间（1736年）又增设鄂尔多斯右翼前末旗（伊金霍洛旗），改为七旗一盟制。

该盟位于内蒙古西南，黄河环绕东、西、北三面。东北接归化城土默特（今呼和浩特市土默特右旗、托克托县和乌兰察布市清水河县一带），正东与山西省偏头、河曲二县为邻，西连阿拉善厄鲁特（今阿拉善盟左旗）和甘肃省宁夏府（今宁夏回族自治区），南隔长城与陕西省为邻，北以黄河与乌拉特为界。全境面积共约四十一万五千六百余万里，是内蒙古西部最美丽的草原之地。大体相当于今天的伊克昭盟全境和巴彦淖尔盟一部分，陕西省榆林、神木、横山、靖边、府谷等县长城以北的地区。

鄂尔多斯男子在春秋和冬季均戴帽子。帽子种类较多，常戴风雪帽。风雪帽也称"胡鲁布其"、帽劳布吉帽（与风雪帽相似，但后边无长尾）。圆帽是鄂尔多斯男子普遍戴的帽子，春秋季饰黑绒或丝绒帽，冬季圆帽檐上要饰羔皮或貂皮、水獭皮等。青年男子在春秋两季戴样式像古代的栖鹰冠的尖顶立耳帽，戴上显得格外英俊。男子在夏季戴瓜皮帽和礼帽及清式凉帽。凉帽是用一种竹藤编制饰顶带和花翎的冠饰。

男式长袍肥而较短，一般喜欢以蓝色、乳白色、棕色布帛为面料。鄂尔多斯男子冬季多穿皮袍，贫者穿钉有皮扣襻的白茬皮袍，镶黑色宽沿边；富者穿吊面皮袍，钉有同色料扣襻。春秋多穿棉袍。夏季多穿单、夹长袍。

鄂尔多斯男子均系腰带，腰带的颜色多种，年老者系素淡的腰带，年轻人则系色彩鲜艳的腰带。男子系腰带时没有上提袍子的习俗。

长、短坎肩是鄂尔多斯服饰中缝制工艺最精细的部分，主要是成年男子和已婚女子穿用。鄂尔多斯坎肩多以织锦缎为面料，以金黄色库锦镶边。男子坎肩短而肥，有锦缎镶边，青色、棕色为多，穿起来大方得体。基本款式有大襟、琵琶襟两种。早期男子曾穿过钉有81个扣襻的“巴图鲁”坎肩。参加大形活动穿长袍外套马褂，作为礼服。鄂尔多斯蒙古族根据不同季节来穿单、夹、棉、皮袍和裤子。

在鄂尔多斯无论男女均穿绣花靴，种类分布靴、皮靴两种。布靴蒙语叫“马海”，皮靴叫“古图勒”。布靴以青色布料和大绒为面料，靴为尖头、小底、靴鞠短而宽，上绣有吉祥图案。皮靴一般不绣图案，式样同布靴子，以牛皮和马皮为面料。靴子内套布袜、毡袜、皮袜等质地。

鄂尔多斯男子的佩饰非常讲究。男子在腰带右侧挎一银质图海，下挂蒙古刀；在腰带左侧挎一银质图海下挂火镰；在腰带左前侧悬挂褡裢，内装玉石、翡翠或玛瑙鼻烟壶。此外还有碗袋、烟袋、烟袋荷包、手镯、戒指等装饰品。

鄂尔多斯女子头巾的颜色较多，根据年龄不同而变化，但她们不罩白色头巾。围巾大约长300厘米，有布、麻、绸、绢等质料。姑娘和媳妇的围巾缠法区别为：姑娘缠围巾不封顶，缠一圈后在右侧系活结，把穗头垂及肩；媳妇缠围巾要封顶，不留穗子。女子春秋季和冬季戴风雪帽、劳布吉帽、圆帽等。女子戴的圆帽绣有丹凤朝阳或二龙戏珠的图案，姑娘不戴圆帽。

已婚女子的全套头饰蒙语里称“珠阁”，是鄂尔多斯女子传统的首饰。它主要以“希布阁”和“达如拉嘎”两部分组成。希布阁，是系在胸前左右辫发上的美丽的发饰。达如拉嘎，由额箍、“阿如布其(脑后帘饰)”、“扎马尔嘎(两耳侧饰)”等组成。佩带这种华贵头饰有戴绣有龙凤图案的圆顶立檐帽或围头巾的习俗。

鄂尔多斯女子长袍瘦而长，以粉红色、淡蓝色、绿色布帛为面料。鄂尔多斯人视乳白色为圣洁的颜色，所以在隆重的场合，他们多穿乳白色长袍，以示纯洁和美好。未婚女子系腰带时在身后右侧留出一个穗头，出嫁后不系腰带。已婚女子在腰间饰褡裢，内装小鼻烟壶，衣襟上戴银质牙签，手上饰金银宝石戒指和手镯。

长短坎肩是鄂尔多斯服饰中最有特色的衣着，主要是成年男子和已婚女子穿用。鄂尔多斯坎肩在早期为长坎肩，清晚期以短坎肩为主，多以缎为面料，用金黄色库锦镶边。鄂尔多斯女子出嫁时，在长袍外面必须穿对襟四开裾长坎肩，“敖吉”是已婚女子的礼服，逢年过节穿，平时不穿。已婚女子的短坎肩“敖吉木格”非常精巧秀丽，至今还在穿用。

王爷与福晋服饰

一　男子服饰

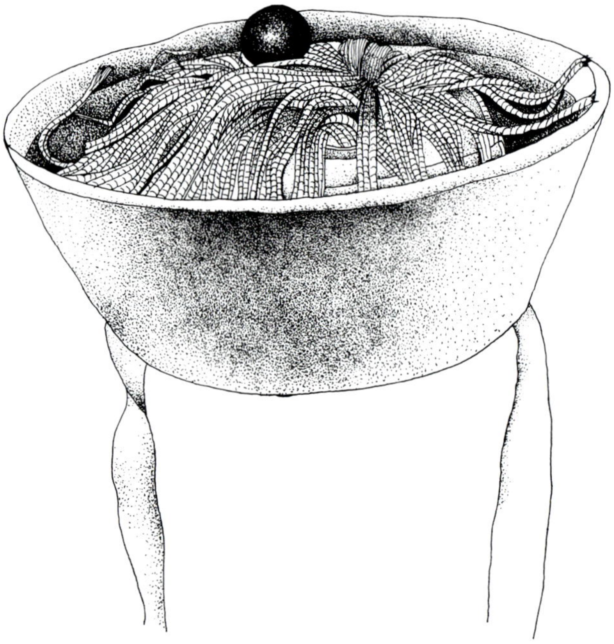

黑绒立沿宝石顶帽

清
线、宝石
高 10 厘米　直径 20 厘米
原件征集于内蒙古自治区鄂尔多斯市

清代嵌珠寿字纹礼帽

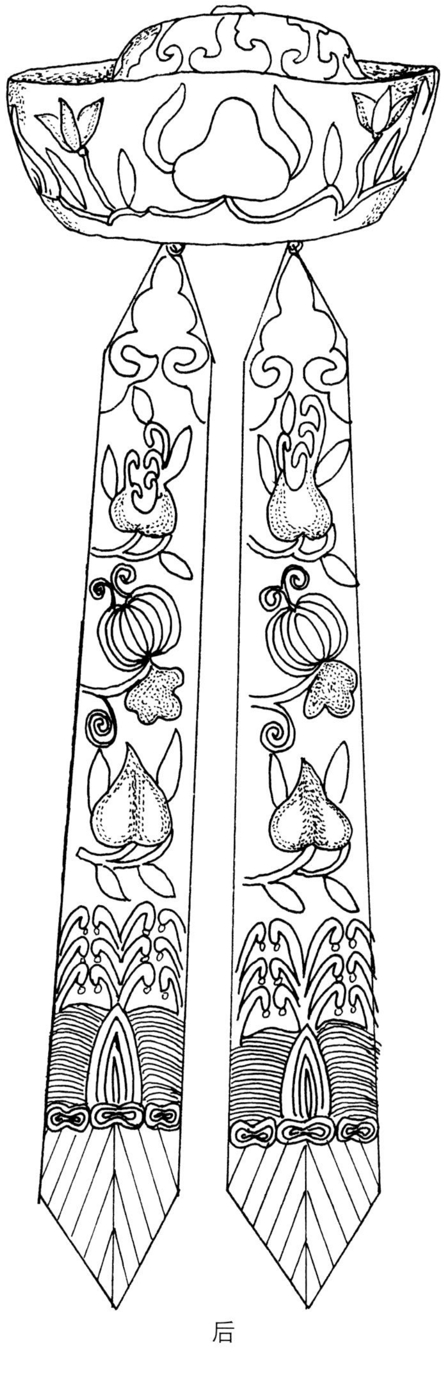

后

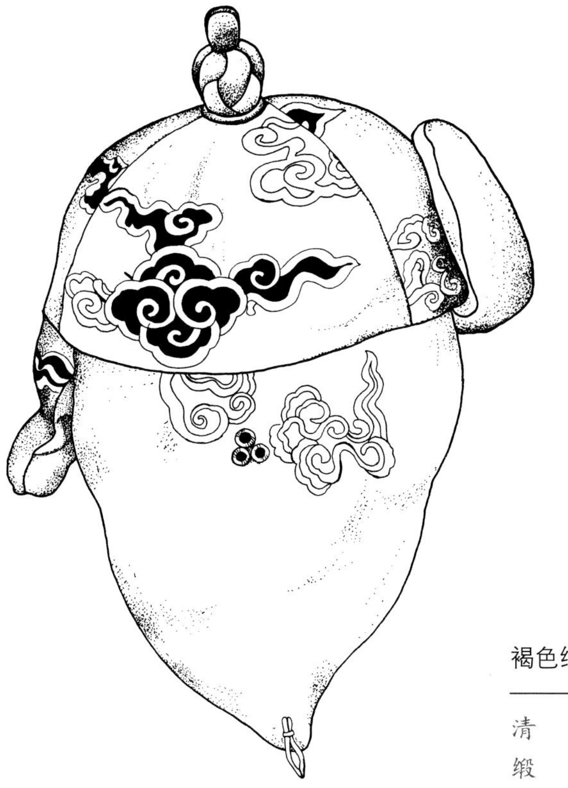

褐色缎龙纹四瓣棉帽

清

缎

高 32 厘米　直径 18 厘米

原件征集于内蒙古自治区鄂尔多斯市

男子夏季服饰

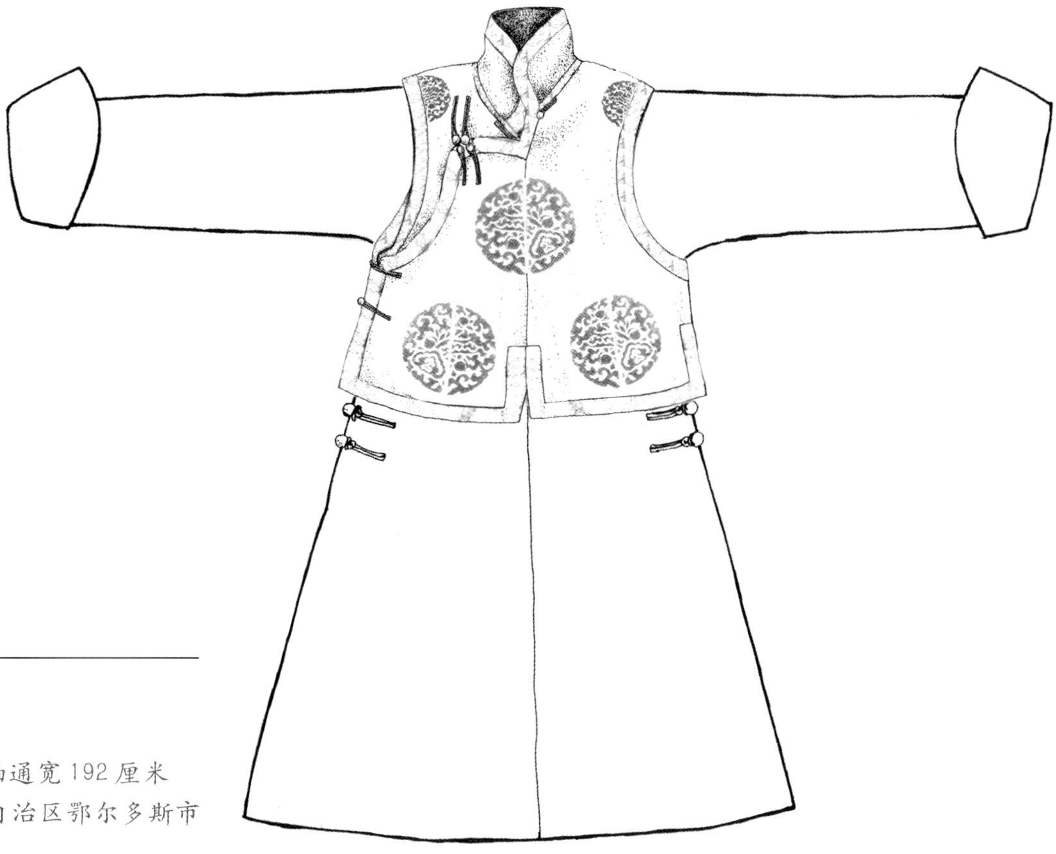

棕色缎棉袍

清
缎
身长 138 厘米　两袖通宽 192 厘米
原件征集于内蒙古自治区鄂尔多斯市

蓝团花缎坎肩

民国
缎
身长 68 厘米　肩宽 42 厘米
原件征集于内蒙古自治区鄂尔多斯市

蓝缎皮袍

清

缎、皮

身长135厘米　两袖通宽200厘米

内蒙古自治区鄂尔多斯市征集

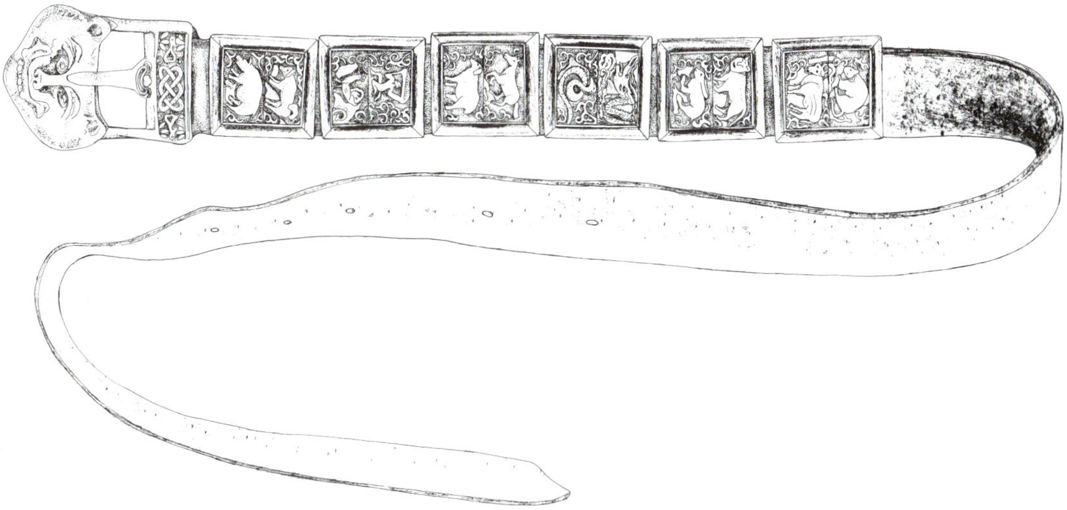

饰银十二生肖皮带

黑绒补绣皮饰尖靴

民国
线、皮
底长28厘米　底宽9厘米　高32厘米
内蒙古自治区鄂尔多斯市征集

二　女子服饰

红缎龙纹珍珠顶坤秋帽

清

缎、珍珠

高20厘米　直径18厘米

原件征集于内蒙古自治区鄂尔多斯市

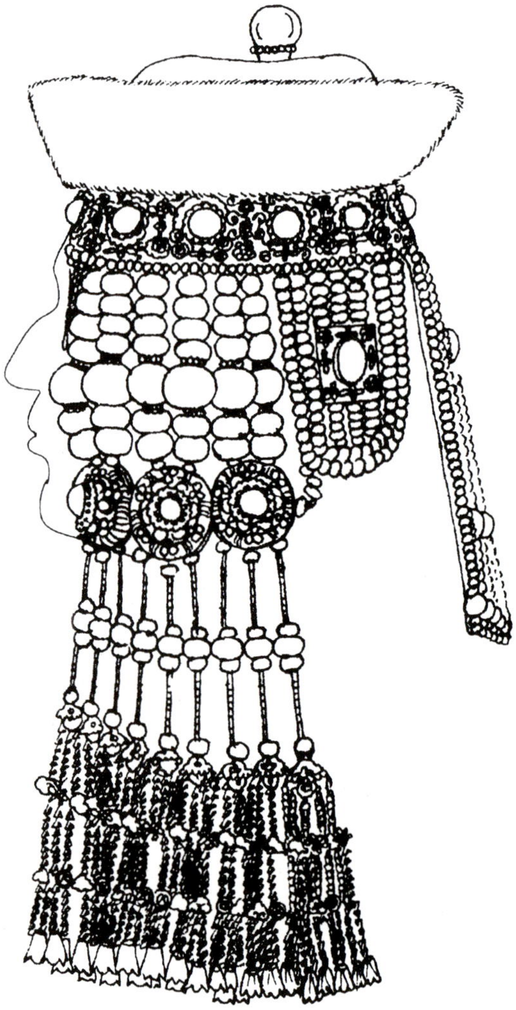

头饰侧面

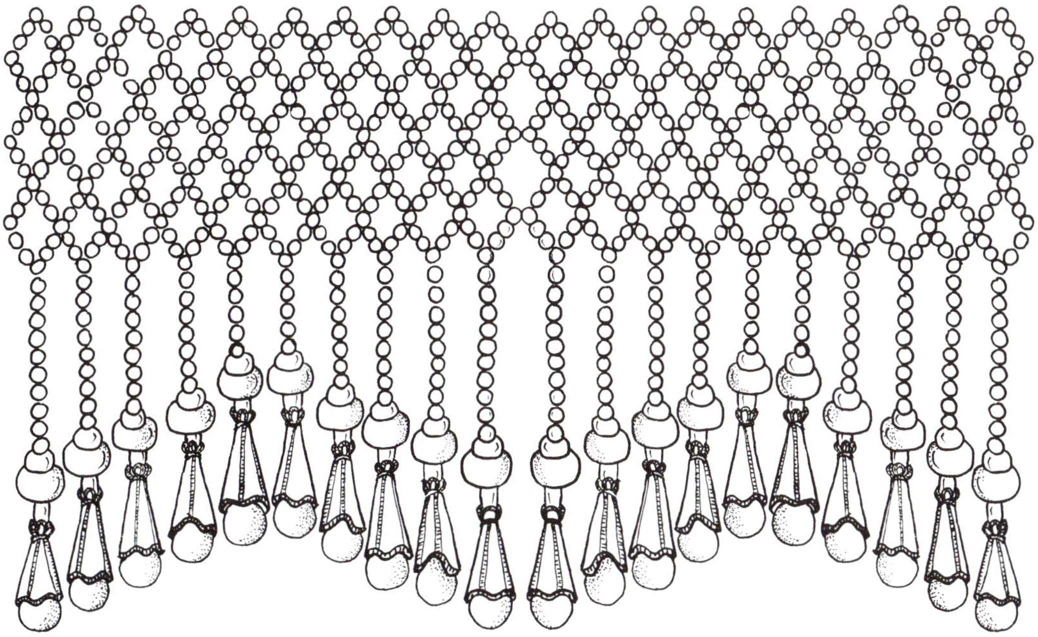

前额刘梳

银头饰挂件局部

银镶宝石头饰（伊金霍洛旗）

银镶珊瑚头饰局部

银镶珊瑚头饰局部

银镶宝石头饰局部

银镶宝石头饰前部

清

银、宝石

通长45厘米　宽36.5厘米

内蒙古自治区鄂尔多斯市伊金霍洛旗征集

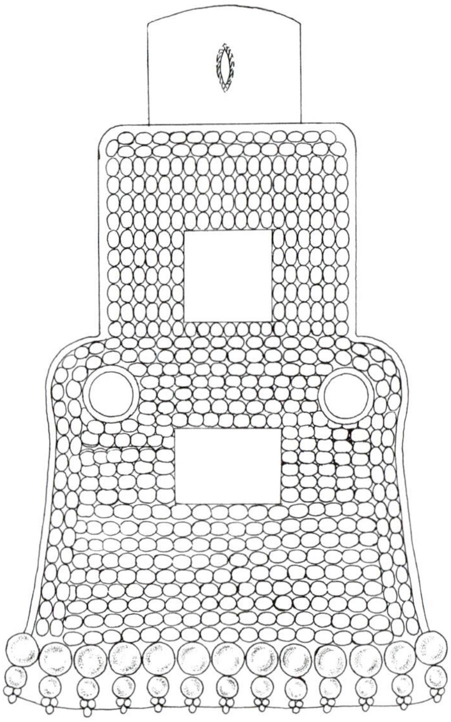

银镶宝石头饰后部

银镶宝石头饰后部

龙凤纹银饰件局部

银镶宝石发棒局部

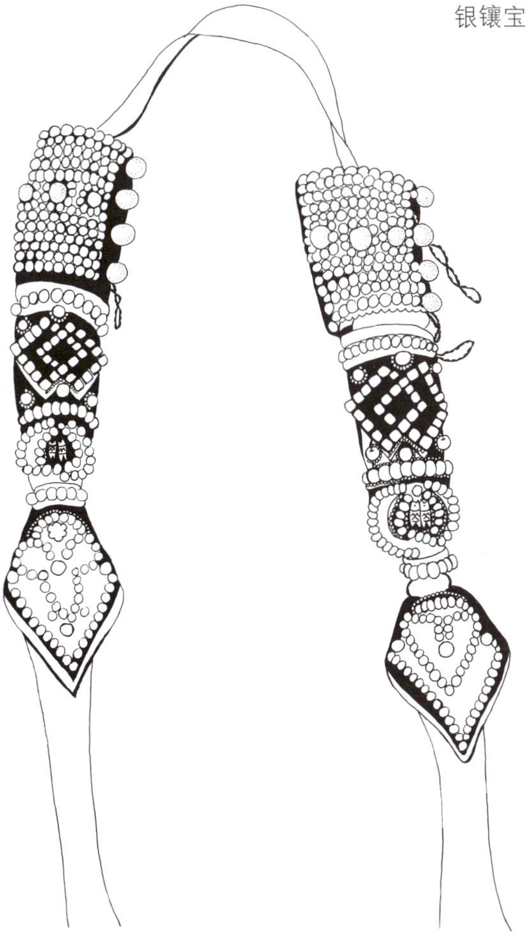

银镶宝石头饰（准格尔旗）

正面

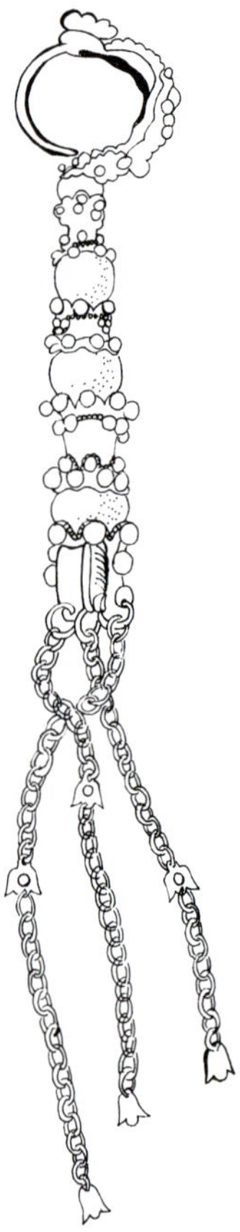
侧面

银镶珊瑚圆环耳饰

清

银、珊瑚

通长25厘米

内蒙古自治区鄂尔多斯市征集

银錾花卉饰件局部

莲瓣花鸟纹银饰件

银錾花卉饰件

清代女子服饰

黑缎花卉镶边长坎肩

清

缎

身长120厘米　肩宽42厘米

原件征集于内蒙古自治区鄂尔多斯市

浅蓝缎梅花纹短坎肩

清

缎

身长53厘米　肩宽38厘米

内蒙古自治区鄂尔多斯市准格尔旗征集

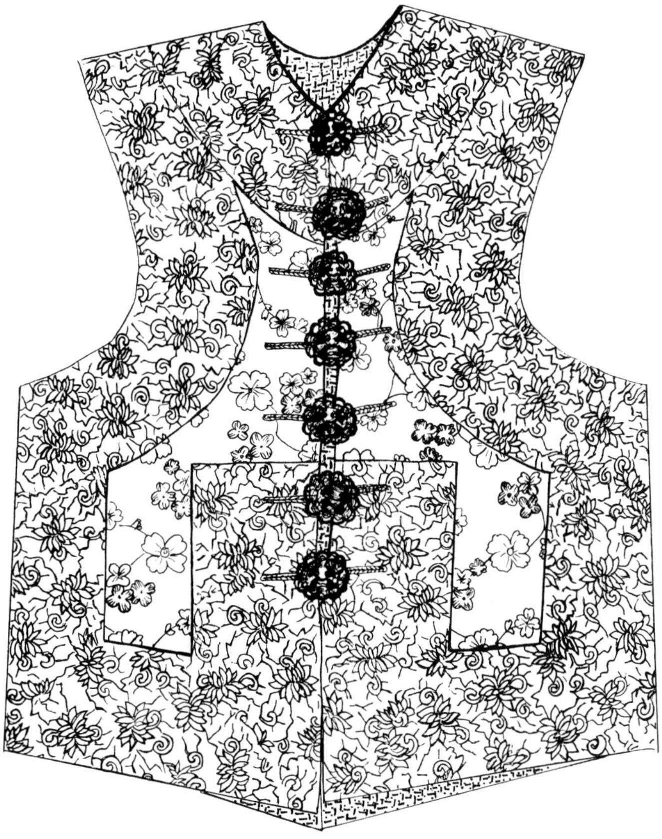

前

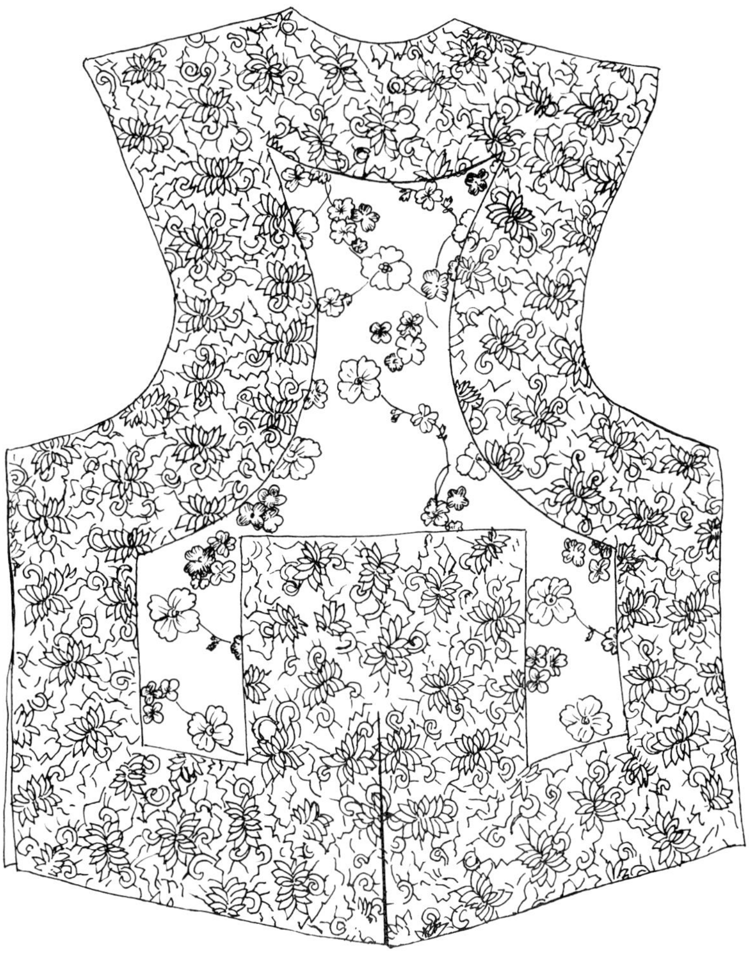

后

红团花缎袍

民国
缎
身长122厘米　两袖通宽164厘米
内蒙古自治区鄂尔多斯市征集

已婚女子服饰

前

后

豆青缎琵琶襟短坎肩

清

缎

身长60厘米　肩宽44厘米

原件征集于内蒙古自治区鄂尔多斯市

粉缎琵笆襟坎肩

清

缎

身长53厘米　肩宽38厘米

内蒙古自治区鄂尔多斯市伊金霍洛旗征集

黑绿绒绣蝶纹靴

清

绒

底长24厘米　底宽7.8厘米　高30.5厘米

内蒙古自治区鄂尔多斯市鄂托克旗征集

三　老人服饰

清代老年服饰

老年女子服饰

老年服饰

玖 阿拉善和硕特部落服饰 信仰伊斯兰教的蒙古族服饰

阿拉善和硕特部系元太祖成吉思汗胞弟哈萨尔后裔，是额鲁特一支。额鲁特原住蒙古高原北面贝加尔湖地区。北元时期，额鲁特部逐渐形成准噶尔、和硕特、土尔扈特、杜尔伯特四大部落，拥有四万多民众。阿拉善蒙古原属漠西额鲁特蒙古和硕特部，也称之为阿拉善额鲁特蒙古，因驻牧于黄河河套之西而又称西套蒙古，即套西蒙古。阿拉善和硕特，系阿拉善与和硕特两词组合而成，前者为地域之名称，后者为部落之名称。

明朝末年，漠西额鲁特蒙古由于人口增长，畜牧增多，和硕特部首领顾实汗由天山以北迁徙至青海，后来其孙和罗理、鄂齐尔图等率部落万余人，徙牧于黄河河套以西，定居河套西。清初顺治四年（1647年），鄂齐尔图向清朝廷贡驼、马，依附清朝廷。康熙十六年（1677年）漠西额鲁特蒙古的准噶尔部首领噶尔丹率兵击破西套蒙古，鄂齐尔图被杀，和罗理率部众避居青海草原（今甘肃省天祝藏族自治县境内）。

康熙三十六年（1697年），清朝廷经和罗理多次请求后正式授予贝勒爵位及扎萨克印章，管辖其部落之众，并将其部命名为“阿拉善和硕特旗”，由理藩院直接管理，按内扎萨克49旗之例编旗。雍正元年（1723年），和罗理之子阿宝晋封为多罗郡王。乾隆十五年（1750年），阿宝之子罗卜藏多尔济尚郡主，授多罗额驸，乾隆三十年（1765年），晋封为和硕亲王，扎萨克驻定远营（今巴彦浩特）。和硕特部蒙古是清朝皇帝实行政治联姻的重点部落。在西部蒙古诸部中，它是唯一与皇家有联姻关系的部落，在清代300余年间，世代通婚达27次之多。

阿拉善旗地处贺兰山西，龙首山北。旗地东北接原乌兰察布盟乌喇特，东与伊克昭盟鄂尔多斯右翼后旗及右翼中旗以黄河为界，南接凉州、甘州二府（今甘肃省武威、张掖地区），西连额济纳土尔扈特（今额济纳旗）界，北逾弋壁，接喀尔喀扎萨克图汗部界。大体相当于今阿拉善盟阿拉善左旗的全部和阿拉善右旗的大部，以及巴彦淖尔盟磴口县与乌海市的一部分。

阿拉善男子冬季戴“四耳帽”或“三耳帽”，在帽沿上钉水獭皮或貂皮，帽耳可以根据冷暖上下翻动。夏季男子主要戴礼帽。

男子长袍无马蹄袖、左右开裾、宽下摆。冬季穿白茬皮袍和吊面羔皮袍；春秋季穿布帛为面料的棉袍；夏季穿布帛夹袍。长袍多以深蓝、蓝、中灰色布帛为面料，在长袍领子、大襟、袖口用库锦缎或绸缎沿边，钉五道单扣襻。靠下系腰带，桔黄色或浅绿色为主，背后打褶。

对襟短坎肩是阿拉善男女共同喜好的装束，坎肩对襟两边各有斜插衣兜，钉有五道扣襻，多以金黄色库锦、青色绸缎为面料。男式坎肩原来有对襟和琵琶襟两种，后来对襟坎肩越来越为普及。在平时和硕特人并不穿戴这种坎肩，它是礼仪性服饰，所以只有在节日、喜庆等礼仪性场合穿，并且在腰带上佩带火镰、餐刀、褡裢、鼻烟壶、烟袋、烟荷包等其饰物。

男子穿靴子时候缠腿带，靴子的式样类似鄂尔多斯矮鞫小底靴，用青色大绒或黑色马皮制作，靴子内衬布里缝制。

冬季女子也戴钉水獭皮或貂皮的“四耳帽”和“三耳帽”。春秋戴圆帽，是一种圆顶帽，帽口沿毛皮或天鹅绒装饰的帽子。夏季女子也有戴礼帽的习惯。阿拉善和硕特姑娘10岁以前扎耳孔，12岁时梳独辫式封发，约16～18岁时出嫁，分发戴头饰。和硕特已婚女子的头饰比较简便，主要由一对发套、一对大珊瑚的“好力宝”(头顶连接发套的装饰)，一件金或银钗、一件盘肠纹银饰，“达如拉嘎”(压头发的顶饰）等组成。

长袍无马蹄袖，无开裾，窄下摆，下摆与靴鞫齐即可。女子长袍也根据季节的变化分白茬皮袍、吊面羔皮袍、棉袍和夹袍，也和男子一样在长袍的领子、大襟、袖口用库锦或不同绸缎沿边，钉单道扣襻。长袍多以蓝色、绿色布帛为面料。女子靠上系腰带，颜色以粉色或粉红色为主。和硕特姑娘不穿坎肩，已婚女子多穿用对襟短坎肩、领口、袖窿、对襟和下摆之缘均有对比颜色绸缎镶边。

根据季节，和硕特男女均穿单、夹布裤，在裤子上另外套用质地好的绸缎或布料缝制的护膝套裤。除了大绒、马皮的靴子之外，女子还穿镶有绿边的光面皮靴或香牛皮靴。

清代已婚男女服饰（王爷与福晋）

一　男子服饰

蓝宝石顶立沿帽

清
宝石、缎
高18厘米　直径20厘米
内蒙古自治区阿拉善盟征集

蓝罗纱团寿纹便帽

清
缎
高8厘米　直径18厘米
原件征集于内蒙古自治区
阿拉善盟

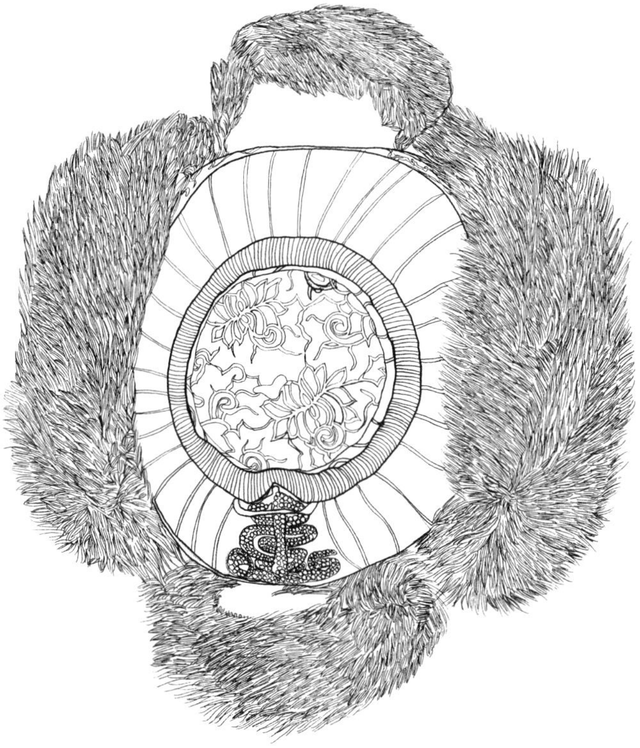

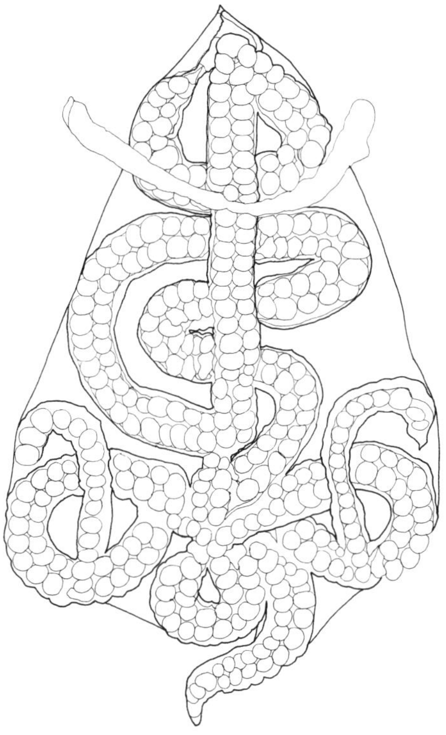

帽子局部珍珠盘绣寿字

黄缎珍珠寿字皮帽

民国
缎、皮、珍珠
高20厘米　直径18厘米
原件征集于内蒙古自治区
阿拉善盟

清代男子服饰

紫貂皮袍

清
皮
身长120厘米　两袖通宽150厘米
内蒙古自治区阿拉善盟达理札雅后裔捐赠

土黄色罗纱团花男便袍

清
罗
身长143厘米 两袖通宽190厘米
内蒙古自治区阿拉善盟征集

黑团花缎马褂

清
缎
身长64厘米　两袖通长154厘米
内蒙古自治区阿拉善盟征集

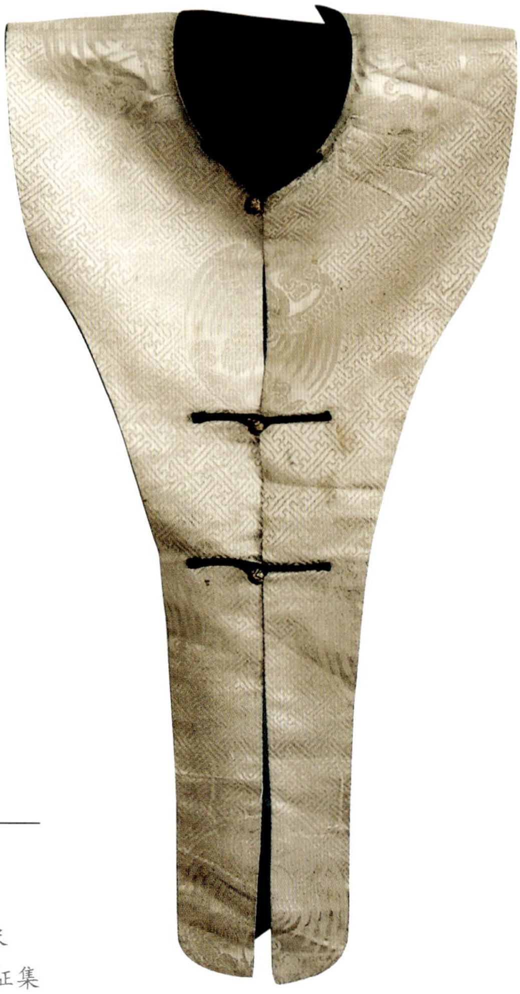

白缎领衣

清
缎
长68厘米　肩宽38厘米
内蒙古自治区阿拉善盟征集

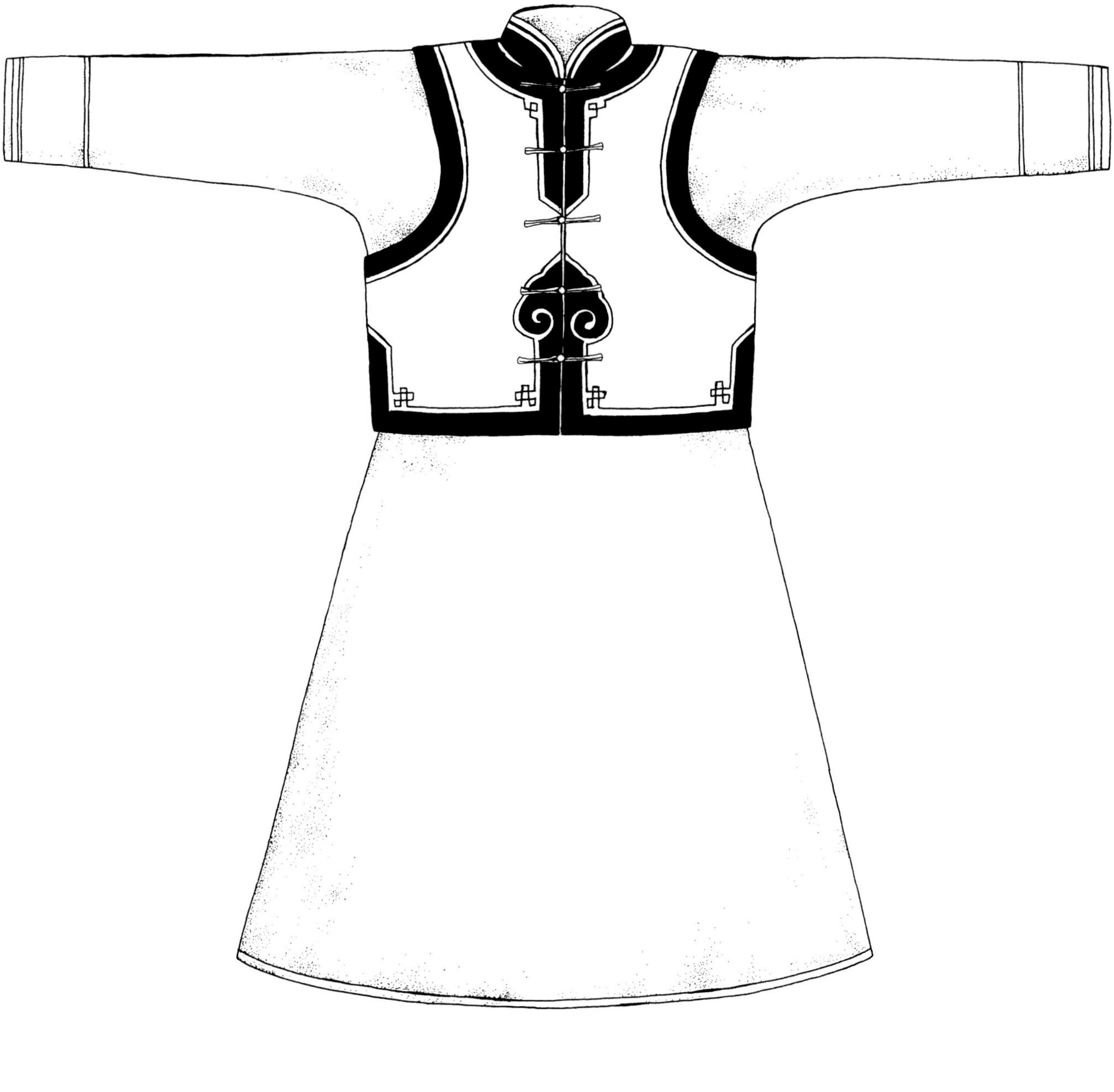

紫缎镶边坎肩及深蓝缎袍

清

缎

坎肩身长60厘米　肩宽45厘米

袍服身长135厘米　两袖通宽154厘米

原件征集于内蒙古自治区阿拉善盟

鹿皮八宝纹套裤

民国

皮

长80 厘米　宽35厘米

内蒙古自治区阿拉善盟征集

鹿皮八宝纹套裤图案

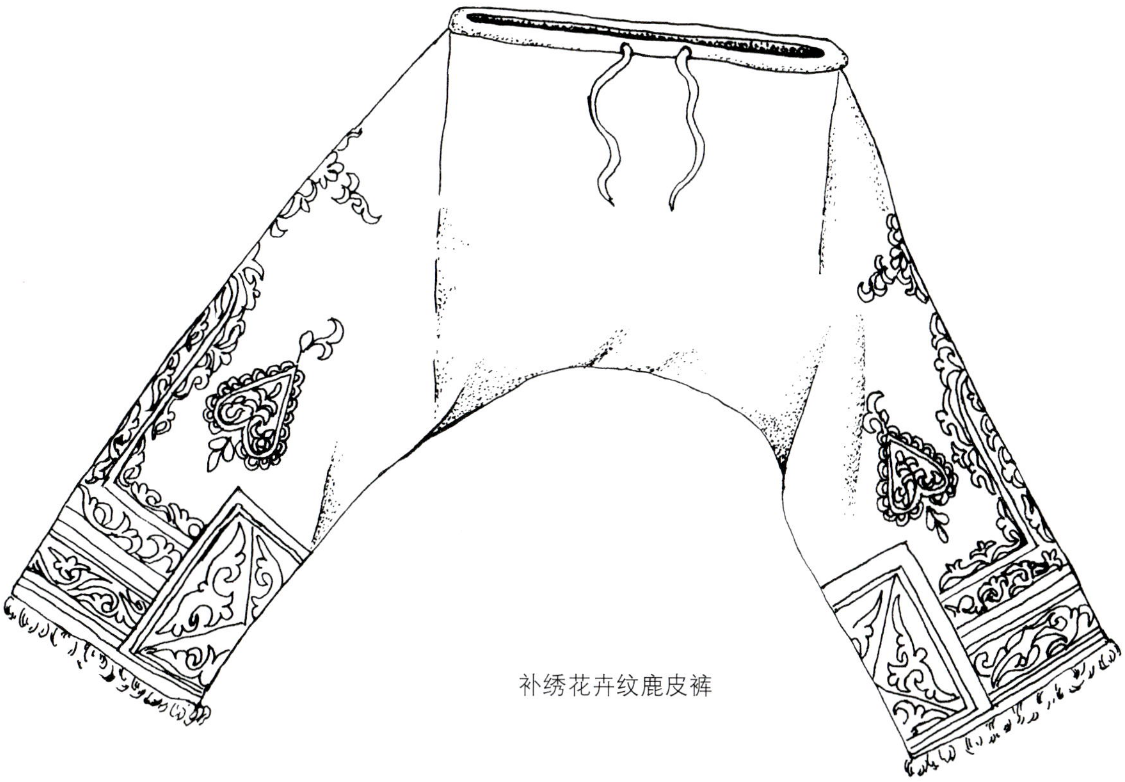

补绣花卉纹鹿皮裤

侧面

香牛皮盘肠纹靴

民国
皮
底长40厘米　底宽10厘米　高40厘米
内蒙古自治区锡林郭勒盟西乌珠穆沁旗征集

二　女子服饰

已婚女子头饰

银镀金镶宝石头簪

清
银、宝石
直径3厘米
原件征集于内蒙古自治区阿拉善盟

银镀金盘肠形镶宝石顶饰

清
银、宝石
长9厘米　宽4厘米
内蒙古自治区阿拉善盟征集

银镀金镶翠头簪

清
银、宝石
长13.3厘米　直径2.5厘米
内蒙古自治区阿拉善盟征集

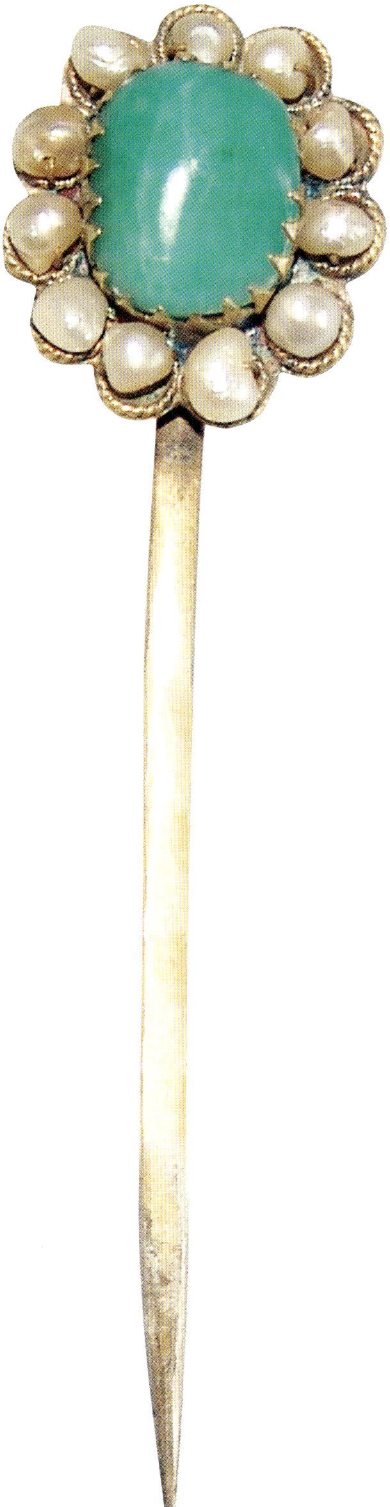

银镀金镶宝石头簪

局部

银镏金镶宝石耳坠

清
银、宝石
长9.5厘米
内蒙古自治区阿拉善盟征集

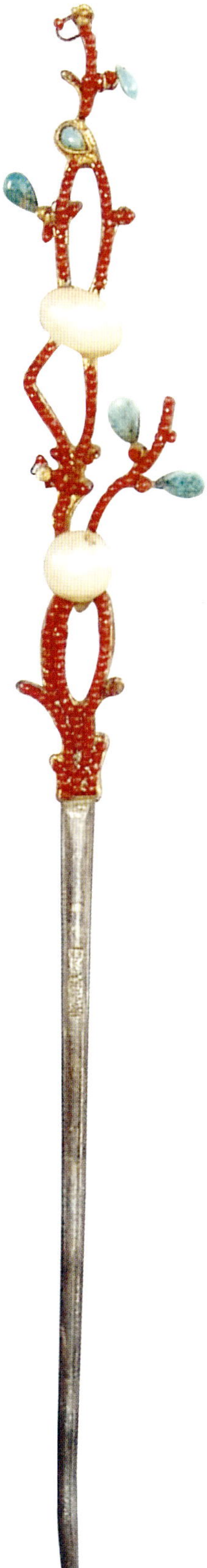

银镏金镶宝石头簪

清

银、宝石

长18厘米

内蒙古自治区阿拉善盟征集

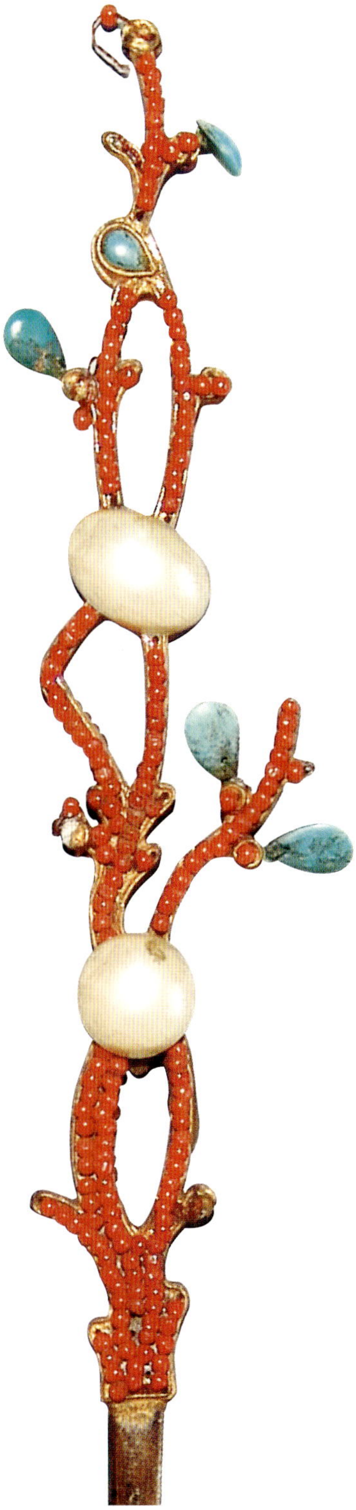

银掐丝耳坠

清

银

长14.5厘米　宽3厘米

原件征集于内蒙古自治区阿拉善盟

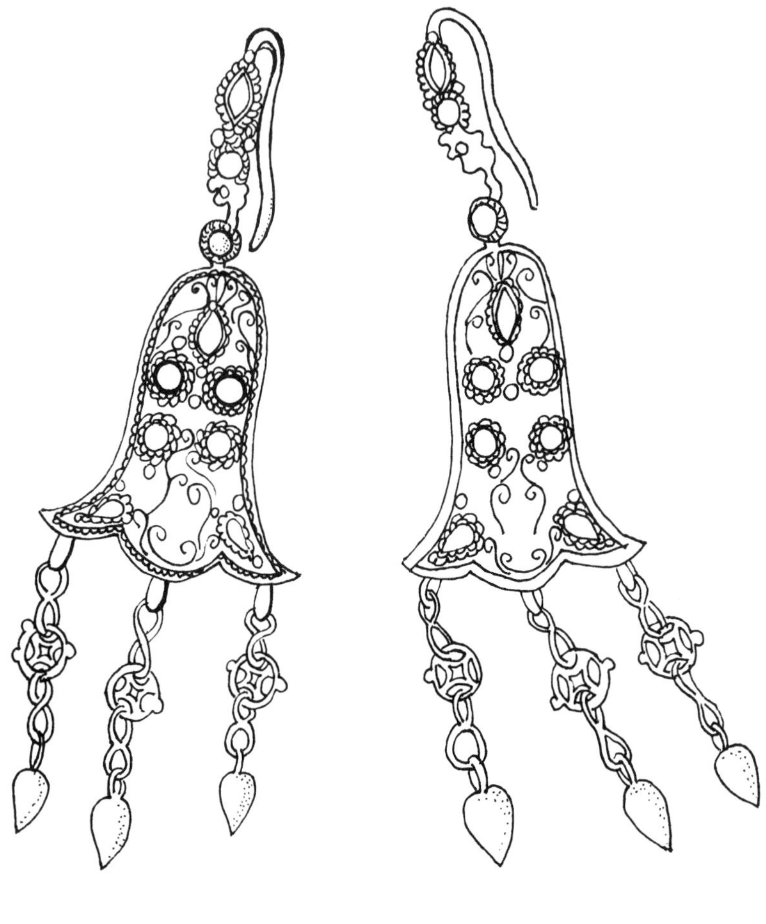

银掐丝耳坠

清

银

长13厘米　宽3厘米

原件征集于内蒙古自治区阿拉善盟

已婚女子冬服

发套局部

蓝缎镶花绦边如意纹坎肩

清

缎

身长55厘米　肩宽34厘米

内蒙古自治区阿拉善盟征集

蓝团花缎袍

民国

缎

身长122厘米　两袖通宽154厘米

内蒙古自治区阿拉善盟征集

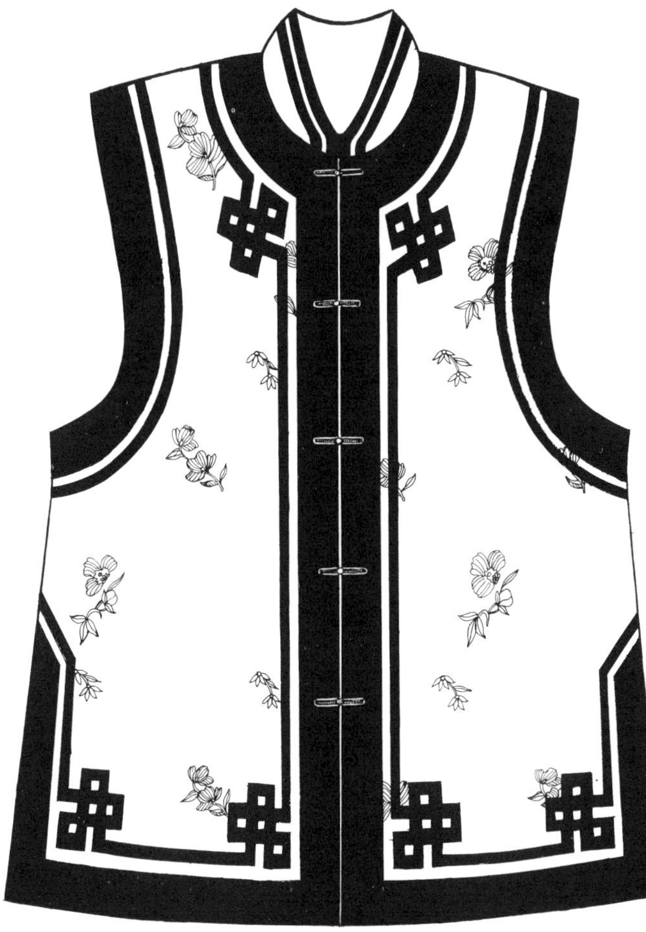

前

粉缎镶花绦边方胜纹坎肩

民国

缎

身长52厘米　肩宽30厘米

原件征集于内蒙古自治区阿拉善盟

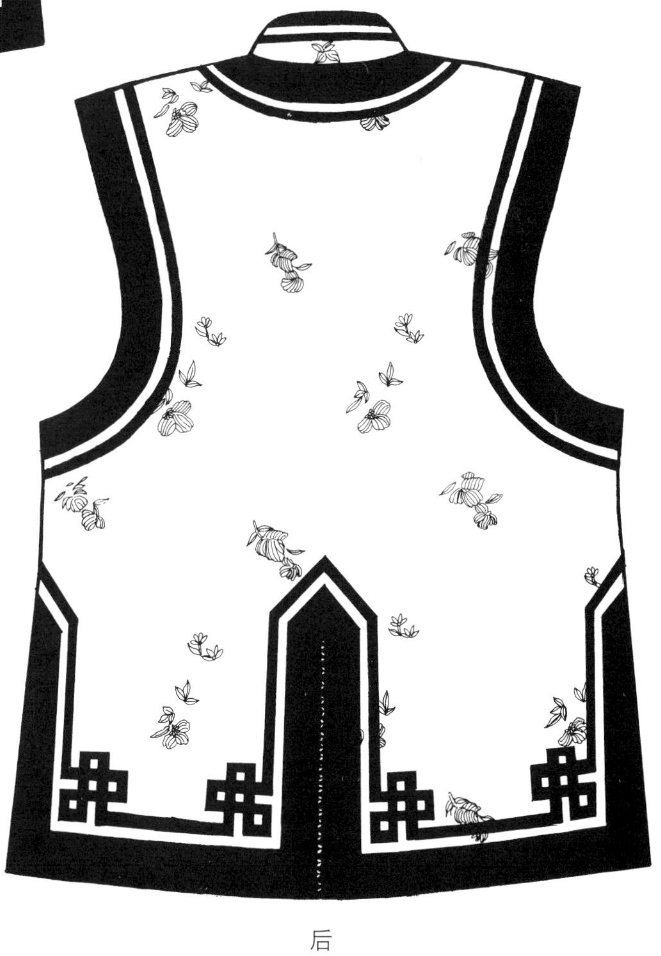

后

蓝缎镶花绦边坎肩

民国
缎
身长58厘米　肩宽34厘米
原件征集于内蒙古自治区阿拉善盟

古铜缎花袄

民国
缎
身长58厘米　两袖通宽150厘米
原件征集于内蒙古自治区阿拉善盟

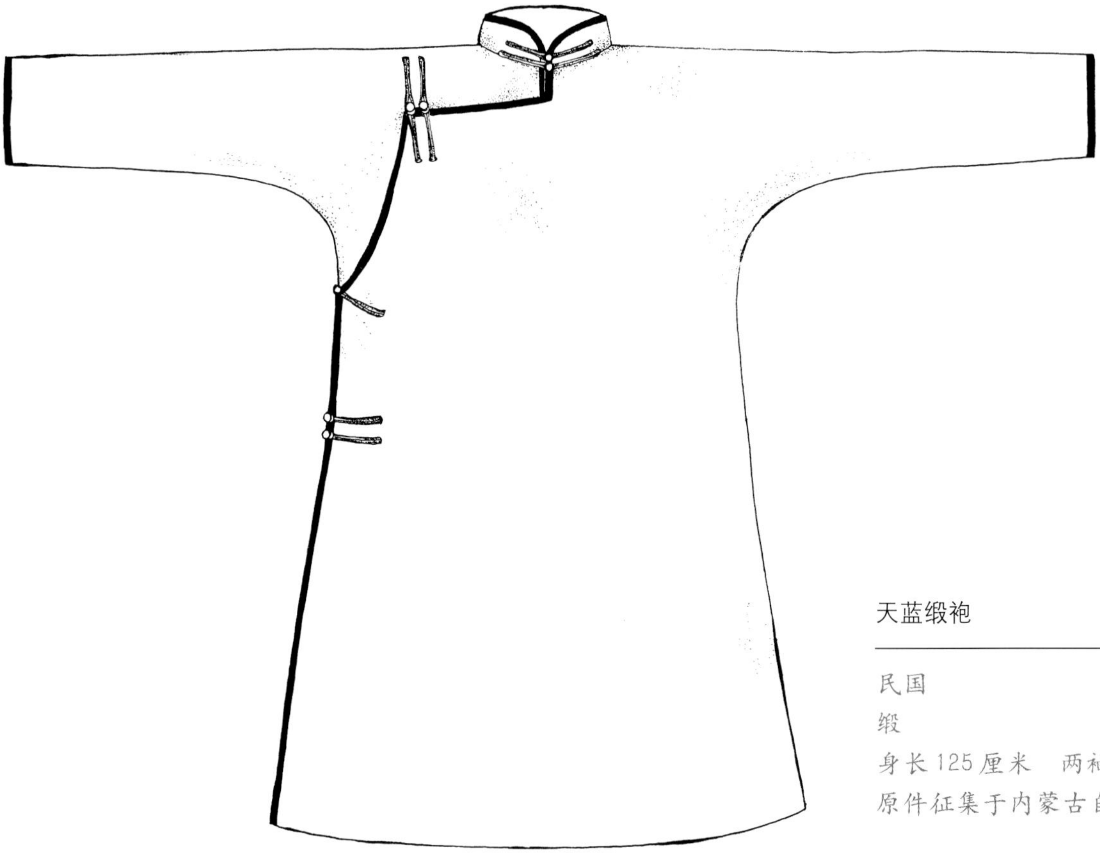

天蓝缎袍

民国
缎
身长125厘米　两袖通宽152厘米
原件征集于内蒙古自治区阿拉善盟

黑绒绣花卉尖靴

民国

绒

高 34 厘米　宽 8 厘米　底长 28 厘米

内蒙古自治区阿拉善盟征集

信仰伊斯兰教的蒙古族聚居在阿拉善左旗沙金套海一带，约有2000多人。他们的祖籍来源，据传说和史籍记载：在清康熙年间，第二代札萨克王爷从青海、西宁一带曾带回100多名信仰伊斯兰教的人，这些人有可能是东乡族或撒拉族人，后融入蒙古民族中。第三代札萨克王爷罗布藏多尔济（阿宝次子）于乾隆年间平息青海、哈密变乱后，从哈密带回一二百名受降兵卒，后并入蒙古部，俗称“缠头回人”。还有一些信仰伊斯兰教的穆斯林回人从新疆一带陆续迁居到阿拉善做生意，后并入蒙古民族中。

信仰伊斯兰教蒙古族服饰的款式同当地蒙古族无甚差异，比较有特点的是妇女头饰介乎于回族和当地蒙古族妇女之间。已婚妇女将两根发辫装入垂在脑后的黑布发套中，分别以两颗大珊瑚珠固定，两根发辫套用银片连在一起，用一块黑沙巾将两侧及头顶发髻包裹，两端纱巾角与角系，似回族妇女一样从后脑披下来。过去信仰伊斯兰教的妇女必须以布巾蒙面，只露双目。后来只遮住发髻、耳朵即可。从妇女头饰上可看出几种文化的相互融合状况。

清代服饰

一　男子服饰

紫樟绒团花缎男袍

清
缎
身长127厘米　两袖通宽200厘米
内蒙古自治区阿拉善盟征集

男子服饰

二　女子服饰

银镶珊瑚耳饰

民国
银、珊瑚
长20厘米　宽2厘米
内蒙古自治区阿拉善盟征集

已婚女子服饰

镶边羊皮坎肩

民国
皮
身长66厘米　肩宽40厘米
原件征集于内蒙古自治区阿拉善盟

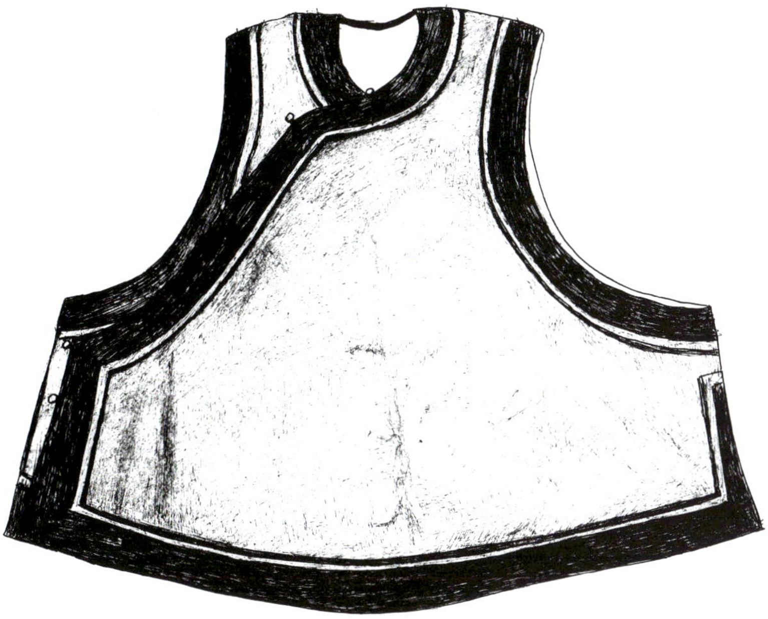

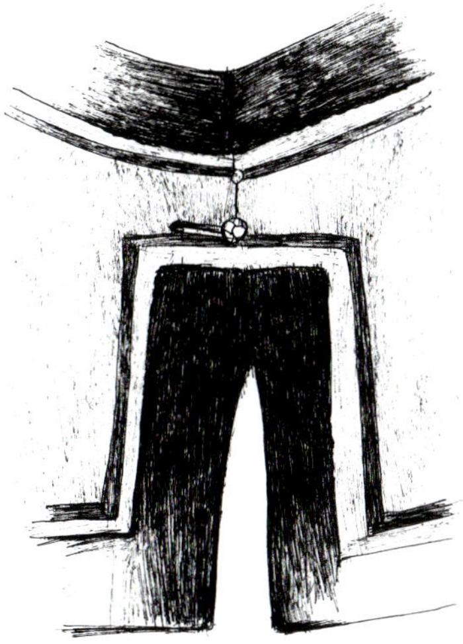

侧面

黑缎花卉坎肩

清
缎
身长60厘米　肩宽39厘米
内蒙古自治区阿拉善盟征集

三　老人与儿童服饰

老年男子服饰

黑团花缎老年男袍

民国
缎
身长141厘米　两袖通宽152厘米
内蒙古自治区阿拉善盟征集

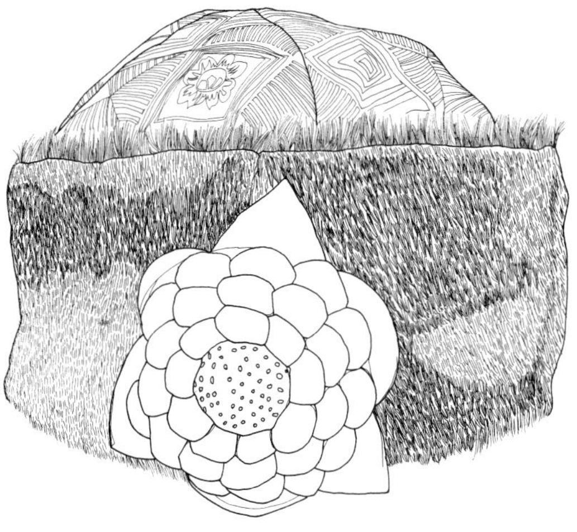

貂皮儿童皮帽

民国
缎、皮
高15厘米　径16厘米
原件征集于内蒙古自治区阿拉善盟

结语

《蒙古民族服饰文化》收集了清代至民国时期的蒙古族男女典型服饰。以图文并茂的形式展现各部落服饰的特点及部落服饰间的共同之处，虽然其中因资料缺乏而有些遗憾，但整体上已经明确了每个部落服饰的特点和穿戴方法。

多年来，出版的各类有关蒙古族服饰文化艺术的作品对蒙古族服饰文化作了多角度的诠释，为今天的蒙古族服饰文化增添了新的内涵，也促进了它的发展和进一步深入研究。在本书中，虽展示了蒙古族各部落服饰，但因篇幅所限，更多的内容未能体现。现在结语中对蒙古民族服饰的地域区别、特殊工艺制作流程及穿戴习俗等内容作一些必要的说明，希望能够给读者在感悟蒙古族服饰文化方面带来实际的帮助。

蒙古高原地处亚洲腹地，属于大陆性气候。富饶辽阔的大草原，因海拔高，地形复杂，所以气候变化多端，寒暑温差较大。为适应自然环境和游牧生活的需要，蒙古族服饰不断增添新的款式和色彩。又因政治因素的影响，近代蒙古族服饰的发展呈现了多样性，仅内蒙古自治区境内，东、中、西三部蒙古族中即可以分出近三十多种不同样式的服饰。蒙古族各部落服饰之间有着明显的区别，从而自成一个支系，因相互之间有着许多共同点又涵盖在蒙古族服饰这一大体系之内。蒙古各个部落服饰间的共同点是：服装质料均采用皮革、绸缎、布；服装种类以皮袍、棉、单夹长袍、长短坎肩、马褂、腰带及棉裤、单夹裤、套裤、香牛皮靴、皮靴、布靴鞋为主；妇女头饰则多用金银、珊瑚、玛瑙、翡翠、琥珀、绿松石和珍珠制作，头饰中大多都包括额前饰、额顶饰、鬓侧饰和脑后饰，男子佩饰更是趋向一致，银质图海、蒙古刀、火镰、褡裢、烟荷包、鼻烟壶是不可缺少的饰件。但如果我们深入了解每个部落服饰细节，就不得不赞叹其中蕴含着能够表现、区分自我的伟大的智慧。

东部，巴尔虎和布里亚特蒙古人多年游牧在贝加尔湖、呼伦湖一带，由于地域偏远，他们的服饰较多地保留着古代蒙古族服饰特点和部落服饰的传统风格。巴尔虎妇女的头饰呈牛角形，宽下摆的服装、带袖箍的灯笼式接袖，长袍和坎肩的腰节有横向分割的装饰等都是巴尔虎服饰的特点。布里亚特服饰中，表现其独特风格的是他们的红缨帽和妇女长袍的分割式结构。布里亚特蒙古族为了纪念部族联盟，以帽顶象征太阳，以帽缨象征阳光。帽子上缝8、11或13道横线来代表8、11或13个父系氏族的姓氏，有的缝有32道横线，据说这代表着所有布里亚特32个父系氏族的姓氏。因此，布里亚特蒙古族忌讳帽子横道缝线歪斜。布里亚特已婚妇女的长袍，是整个蒙古民族服饰中唯一有分割工艺的传统服饰，这与布里亚特蒙古历史上的首领女英雄巴拉金皇后的殉难有关。巴拉金皇后为了保卫自己神圣的领土，率领所属万户与入侵者进行了生死搏斗，后因寡不敌众，落入敌手。在刑场上她大义凛然，坚贞不屈，凶狠的敌人施以分肢刑罚，残酷地杀害了她。布里亚特妇女为了悼念这位英雄，把自己长袍的主要关节部位进行分割裁制，世代永念这位女英雄。由此产生了肘、肩和腰围处有分割工艺的已婚妇女长袍。据出土文物资料，这种接袖式百褶裙长袍早在元代就有。

科尔沁妇女所穿的长袍和大襟长坎肩以及绣花靴子别具风格。长袍和坎肩除了精细的镶边装饰外，上面还有大量的绣花图案。科尔沁人的布靴和鞋很精致，靴面上用彩线绣各种形象生动、色彩艳丽的花卉、吉祥纹图案。科尔沁服饰特别注重绣花、贴花、盘花等工艺。

中部，察哈尔部、苏尼特、乌珠穆沁等部落的服饰佩戴似乎很相似，但也有较明显的区别。察哈尔部地域辽阔、居住分散，各旗之间的服饰有较大差异，但总体上察哈尔长袍的领口有下垂一寸多长的对襟，他们的特点主要表现在袖子上，各种库锦拼接中袖，有身分的拼接石青缎龙纹绦，长袍下摆均左右开裾。苏尼特部长袍较肥大，穿不开裾长袍，但靠近察哈尔地区的也有穿开裾长袍的习俗。靠南部的近似察哈尔服饰，但从整个服饰的穿戴上看，也有自己的风格。乌珠穆沁服饰在领子、袖子、衣襟等处较多地使用彩条和金银曲线彩镶边装饰，衣料也多采用带花纹的绸缎，至今还保持原始的熏皮袍。

西部，乌拉特部、鄂尔多斯部、和硕特等部落交界游牧。乌拉特长袍有开裾和无开裾两种，东公旗和西公旗穿窄下摆有左右开裾长袍，中公旗则穿宽下摆无开裾长袍。鄂尔多斯蒙古族因其特殊身份，服饰以素为美，但也不乏华贵之气。鄂尔多斯长袍长而有开裾，除同色料滚边之外，别无镶边装饰。和硕特部地处阿拉善盟，沙漠地带，常年风沙大、昼夜温差明显，因此他们的服饰与其他部落的相比较简便而又颇有地区特色。和硕特服饰也因受到仰伊斯兰教文化的影响，服饰中增添了一些伊斯兰色彩。男子长袍开裾较短，已婚妇女无腰带直角襟长袍，明显区别于其他地区蒙古族的服饰。

服饰工艺是人类在长期的生产生活实践中发明创造完善的。在一定历史时期形成的服饰结构、造型等工艺，在较长一段时期内可以稳定不变，但是一个历史时期形成的服饰只符合当时人的实用需要和审美情趣，不一定完全适应其他历史时期人们的需求，这样，同一民族不同历史时期的服饰也会出现新的变化。蒙古民族服饰工艺也不离于这个规律之外，在保留服饰传统、合理因素的基础上不断变化，衍生出更适合自己的新的服饰工艺形式。这里主要介绍一些清代蒙古族的刺绣、扣襻、镶边、图案工艺。

蒙古族刺绣工艺包括绣花技法、贴花技法、盘花技法和抠花技法等。绣花技法是刺绣工艺的主要组成部分。它以鲜艳的色彩，灵活多变的针法，细腻明快的线条，来表现民族特色的各类图案，多用于长袍、坎肩的刺绣部分。盘花技法是利用盘针缝纫法刺绣各种图案的技法。它有空芯盘绣和实芯盘绣两种技法。盘花技法多用于男女靴子的各种图案上，其色彩有单色和复色两种。抠花技法也称镂花技法。它是把剪制好的布、平绒、皮革镂花图案固定在已画好的指定位置上，用盘针、缉针或缲针法缝制。抠花技法有同色、顺色和对比色等表现技法，其表现效果富有立体感，多用于帽子、布靴、香牛皮靴、烟荷包、褡裢和摔跤套裤等服饰用品上。这些刺绣技法由于所用材料和所表现形式的不同，在造型、纹样和色彩等方面，有各自的特色和优点而深得蒙古民族的喜爱。

扣襻工艺在蒙古族服饰中也是最具特色的组成部分，它有着悠久的历史和鲜明的民族风格，既是长袍、坎肩的必不可少的附件，又是集实用、美观为一体的装饰品。在上古的时候，蒙古人的服饰无扣襻装饰，只用系带来固定。后来逐渐有了用皮条、骨节、木制作的简易扣襻。到蒙古汗国和元代，蒙古民族服饰已有了以金、银、珍珠和金锦、布、帛制作华美的扣襻。扣襻主要由扣坨和纽襻组成。带扣坨的纽襻称公纽襻，带套索的纽襻叫做母纽襻。蒙古族扣襻可分为珠宝类、金银类、铜铁类扣坨和皮革、布帛、库锦、化纤类组袢，也有整个扣襻是由皮革、布帛、库锦、化纤带条构成的软质扣襻。纽襻的质料和色彩，要与镶边装饰相统一。纽扣的形状多为长而直，钉纽扣时一般要手工缝制，而且保证纽扣的直、立、扁等形状，牵缝的针脚和针距要均匀一致。一件长袍或坎肩缝制得精美与否，很大程度上取决于纽扣的缝制工艺。蒙古族长袍之所以肥大而显得端庄，其中笔挺标致的扣襻装饰，起着重要的衬托作用。

镶边是蒙古民族服饰的主要装饰工艺之一。蒙古民族服饰讲究各种服饰的镶边工艺，一直把它当作服饰中必不可少的组成部分，它是表现蒙古民族服饰浓厚的民族特色和鲜明的地区风格的重要装饰手段。在蒙古族服饰中镶边装饰随处可见，衣、帽、靴及饰物都有独特的镶边装饰，其中长袍和坎肩的镶边装饰最为鲜艳。从镶边工艺的构成方面可分为滚边、沿边和饰绦等三个部分。滚边主要起加固作用，沿边和饰绦主要起装饰作用。镶边的数量和风格是区分各个部落服饰的重要标志之一，也是分别男女袍、青年和老年服饰的依据之一。妇女服饰的镶边装饰最华丽，老年服饰的镶边装饰典雅朴素。

蒙古族在长期的游牧生活中，创造了许多具有民族风格的花纹图案。其中有五畜和花鸟为内容的动植物图案，以山、水、云、火为内容的自然风景图案，以吉祥如意为内容的“乌力吉”（吉祥）图案等。这些图案洋溢着草原生活气息和民族特色，其表现方法多姿多彩、富有创造力。清代，蒙古族受到喇嘛教的影响，其图案工艺中也出现了很多与佛教文化有关的装饰梵文图案。这些图案表现在蒙古族服饰的多个部位，例如帽子、耳套、长袍、坎肩、摔跤衣、靴、鞋、烟荷包、褡裢、碗袋、针线包等等，都有美丽的图案装饰。

蒙古族服饰有着悠久的形成和发展的过程，长期以来他们以鲜艳的长袍、长筒靴为美。这些蒙古族特色的服饰工艺使得本身具有浓郁民族特色的服饰更加民族化，给她的魅力增添了不少色彩。从各类长袍到坎肩、套裤、毡袜，从蒙古刀到火镰、褡裢、烟荷包，蒙古族传统佩饰中的每一件衣物及佩饰品总是肩负着舒适、实用而修饰的重要作用。

宽大的袍服受到高原民族的喜爱这一点不只表现在蒙古族的身上。由于在辽阔的草原上，常年游牧生活，经常风餐露宿，没有办法到处搭建舒适的房屋。最能发挥作用的是既能穿着又能披盖的长袍，因此一般高原游牧民族都喜欢身着长袍。蒙古地区长袍有很多种类，冬天有熏皮袍、白茬皮袍、吊面皮袍，春秋有棉袍，夏季单、夹袍等。有关熏皮袍我们在介绍乌珠穆沁蒙古族部时已有详细介绍说明。白茬皮袍、吊面皮袍等一般都采用绵羊、山羊皮或羊羔、驼羔皮以及兽皮来制作。吊面皮袍采用秋后宰杀的皮子，用布或绸缎来罩面，主要在礼仪性场合穿戴，经过鞣制而成，不用布、绸缎来罩面，其板儿厚、毛长、结实、御寒性特别好。棉袍是蓄棉而制的长袍，耐寒又轻便，冬季、春秋都能穿。夹袍是里外两层缝制的袍子，适合春秋季穿。单袍是用单层布或绸缎缝制成的袍子，轻巧凉快，最适夏季穿用。

蒙古族服饰有着自己形成、发展、变化的规律。千百年来，经过历史的风风雨雨，蒙古族服饰文化孕育了深厚的文化底蕴，在西方服饰文化充斥的今天她依然散发着迷人的光彩。但随着时间的流逝，清代蒙古族服饰文化有些特点，在现今的蒙古族服饰中，不能被完全体现出来，有一些特点甚至消失。这并不意味着蒙古族文化的消退，而是服饰文化随着时代发展的必然结果，但更好地保存和展现清代蒙古族服饰的特色仍迫在眉睫，这也是我们竭力收集整理出版这本《蒙古民族服饰文化》的初衷。

参考书目

1. 沈从文：《中国古代服饰研究》，上海世纪出版集团，2002年8月。
2. 周锡保：《中国古代服饰史》，中国戏剧出版社，1984年。
3. 周讯、高春明：《中国古代妇女妆饰》，学术出版社，1988年10月。
4. 宋风英：《清代的宫廷服饰》，紫禁城出版社，2004年12月。
5. 戴平：《中国民族服饰研究》，上海人民出版社，2003年3月。
6. 管彦波：《中国少数民族头饰研究》，中国经济出版社，2005年。
7. [清]张穆：《蒙古族游牧记》，山西人民出版社，1991年12月。
8. 江上波夫：《蒙古草原横断记》，日本出版社株式会社，昭和十六年（1941年）。
9. 米内山康夫：《蒙古草原》，日本出版社株式会社，昭和十七年（1942年）。
10. 蒙古国：《蒙古西部物质文化图录》，2004年。
11. 蒙古国民族博物馆韩国展览图册：《蒙古展览图册》，1996年。
12. 蒙古国博物馆：《蒙古装饰艺术》，国家出版社，1987年。
13. 蒙古国：《蒙古绘画艺术》，乌兰巴托国家出版社，1986年。
14. 内蒙古博物馆：《内蒙古民族文物》，人民美术出版社，1987年。
15. 马尔塔·布艾尔：《蒙古饰物》，内蒙古文化出版社，1994年。
16. 内蒙古自治区民族事物委员会：《内蒙古民族服饰》，内蒙古科学出版社，1991年。
17. 叶新明、薄音湖、宝日吉根：《简明古代蒙古史》，内蒙古大学出版社，1990年。
18. 内蒙古乌珠穆沁旗旗委：《乌珠穆沁地方志》，内蒙古人民出版社，1999年。
19. 嘎林达尔：《苏尼特地方志》，内蒙古人民出版社，2001年。
20. 乌兰察布盟政协文史委员会：《察哈尔蒙古族史话》，1989年。
21. 《达茂文史资料》，内部参考资料。

后记

《蒙古民族文物图典》，历经三年，即将付梓，感慨良多。这套书，是在经过近两年的研究思考，于2004年末决定组织撰写编辑的。组织此书，缘于以下考虑：中国北方草原地带的游牧民族，自古以来包括匈奴、东胡、鲜卑、突厥、契丹、党项、女真、蒙古等民族，对中国历史的发展以至中华民族的形成和发展的贡献是极其巨大的。不仅如此，对世界历史的发展，也产生过重要影响，特别是匈奴和蒙古族。可以说，世界上没有哪一个地方的游牧民族，如中国北方草原上的游牧民族那样，对世界历史的影响如此之大。这些古代民族在草原的自然环境条件下，创造了世界上独特的游牧文化。而蒙古民族是这些古代草原民族创造的游牧文化的集大成者。随着现代工业的发展，科学技术的进步，世界经济一体化的进程加快，草原游牧经济也在发生剧烈变革，传统的游牧文化在现实生活中也迅速演变以至于消失。保护这一具有世界影响的草原游牧文化，使这一人类宝贵的文化遗产得到传承，成为保持世界文化多样性的一朵奇葩，继续发挥其民族精神纽带的功能，是文物工作者，也是社会各界的责任。我从进入内蒙古文物事业行政管理行道不久，就意识到这是个需要认真考虑和对待的问题。

根据当前社会进步趋势，再想大面积保留完整传统游牧生产生活方式是不可能的，也是不明智的。而保护传统游牧文化的方式，一是搞草原文化保护区，划一块地方，组织一些牧民，按照传统方式进行生产和生活。二是收藏其文化和物质载体，即文物，并长久保存和展示。三是用图书音像等媒介予以记录。根据文物保护工作的特点，借鉴考古工作记录文化信息的方式，还是决定选择图书为媒介，作为记录也是保护和传承蒙古文化的一种方式。其具体确定为图典式的形式。“图典”即有图。这个“图”有彩色图片，也有墨线绘图。尤其是墨线绘图，把文物用简约的线条提炼出来，使其整体和关键部位一目了然。“典”则是有典型、典范、标准器的意思，即选择的典型的代表性的文物。总的指导思想是，这一图典，有类似蒙古族文物“字典”、“辞典”的功能。即使将来没有了实物，人们也可以通过此书的图，重新制作恢复消失的文物。这也算此套图典的一个值得称道的亮点吧。

根据蒙古民族传统文化的特点，将这套图典按六个方面，即鞍马、服饰、毡庐、饮食、游乐、宗教进行分类。有些类别间内容有些交叉，如鞍马文化中赛马的内容，在游乐文化中赛马也是不可缺少的，在编辑过程中根据侧重点不同，适当作了些调整。但要实现内容的科学归类，确也不是件容易事。所以，有些内容分布可能还有不尽合理之处。

此书看似“照物绘图”，实则是一次创造性的劳动。因为在此之前，虽然在国内外有一两种用线或照片反映蒙古民族传统文化的图书，但仍属零打碎敲，尚未见到比较系统的出版物。而这次是系统的收集整理和绘制蒙古族文物，并且每一个类别要有一篇完整的论述文章，以“图典”形式出版，这在世界上可能还是第一次。因此，遇到很多困难，最主要的是选择进入图典的文物，是否为“典”，各式各样的“典”。同一功能的器物，在不同的部落，其造型、材料可能有很大不同，均要选入。而有的器物，是某一地区代表性器物，特点突出，应当入选，但却找不到实物，或找起来相当费周折，给此书的编写工作带来相当大的困难。有的则只能成为缺憾。如果说此书有何不足，我认为主要是有些器物如我国新疆地区的、蒙古国和俄罗斯的一些有地方特点的应纳入蒙古民族文物范畴的工具因种种原因未能收入。虽然从蒙古民族整体上说，进入图典的文物比较系统和完整，但空间分布上看应是一个遗憾。只能待今后进行修订时再补充完善。

此书在编创过程中，得到诸多领导和朋友们的支持。内蒙古自治区党委常委、宣传部部长乌兰，在任内蒙古自治区副主席时，对此研究出版项目予以充分肯定和支持，并为此书作序。内蒙古自治区副主席罗啸天也积极支持了这套书的出版。内蒙古自治区文化厅厅长高延青也对项目的确立给予帮助。内蒙古博物馆的孔群、张彤、贾一凡三位同志在组织稿件和图片方面作了许多具体细致的工作。内蒙古画报社的额博先生也热情地为本书提供了照片。特别是内蒙古农业大学的硕士研究生陈丽琴，组织她的同学为本书绘制墨线图。全套书一千余幅墨线图，基本都是她亲手安排完成的。当2007年夏天她已毕业回到鄂尔多斯工作后，得知《蒙古民族鞍马文化》还有部分线图工作需要她，她又毅然请假，按照需要完成了工作。国家文物局单霁翔局长、张柏副局长、叶春同志都很关心这套书的编辑出版工作。这种为保护民族文化遗产的贡献精神很让我感动。文物出版社张全国书记、苏士澍社长、张自成副社长和第四图书编辑部全体编辑为此书出版作了诸多努力，还有许多朋友帮助和支持了此书的出版，在这里一并表示由衷的谢意。

2007年10月8日